U0397197

Philosopher's Stone Series

哲人石丛书

立足当代科学前沿
彰显当代科技名家
绍介当代科学思潮
激扬科技创新精神

策 划

潘　涛　卞毓麟

Philosopher's Stone Series

当代科普名著系列

点亮21世纪

天野浩的蓝光LED世界

天野浩　福田大展　著

方祖鸿　方明生　译

上海科技教育出版社

图书在版编目（CIP）数据

点亮21世纪：天野浩的蓝光LED世界/（日）天野浩，（日）福田大展著；方祖鸿，方明生译．—上海：上海科技教育出版社，2018.11
（哲人石丛书．当代科普名著系列）
ISBN 978-7-5428-6879-4

Ⅰ．①点… Ⅱ．①天… ②福… ③方… ④方… Ⅲ．①发光二极管—照明—普及读物 Ⅳ．①TN383-49

中国版本图书馆CIP数据核字（2018）第258231号

蓝光LED被誉为"爱迪生之后的第二次照明革命",但要想制作这种新型照明工具,就要用到半导体氮化镓。这种大功率半导体材料能够显著降低能源消耗,它的出现使得全色照明成为可能,全世界都关注着这种材料在其他各个领域的应用前景。蓝光LED、氮化镓材料中蕴含着无与伦比的应用潜力。可以说,氮化镓在21世纪的广泛应用才刚刚拉开序幕。本书是2014年诺贝尔物理学奖得主天野浩的力作,深入浅出地向各界读者介绍了蓝光LED技术的基本原理以及这一研究的前沿领域。

内容提要

天野浩，1960年生于日本静冈县。名古屋大学教授、工学博士。1983年毕业于名古屋大学工学部，1988年完成名古屋大学工学部博士课程，留校任教。后任名城大学理工学部教授、名古屋大学教授。从本科毕业研究起，进入赤崎研究室，长期执着地投入蓝光LED的半导体材料的研究。因成功研发了蓝光LED，与赤崎勇、中村修二同获2014年诺贝尔物理学奖。

福田大展，1983年生于日本福井县，科学读物撰稿人、日本科学未来馆科学交流员。曾在日本东北大学金属材料研究所参与太阳能电池用优质硅晶体的研发。东北大学理学研究科研究生毕业，物理学硕士。后任中日新闻（东京新闻）记者，曾做过浜冈核电站及日本各地地震防灾问题的采访。

作者简介

前言 / *1*

第1章　从原子层面分析LED发光原理 / 1

第2章　挑战蓝光LED的关键：制作高品质晶体 / 27

第3章　世界最初的蓝光LED：迎来固体照明的新时代 / 59

第4章　氮化镓开拓的21世纪 / 93

后　记　/ 121

参考文献 / 125

目
录

前言

LED 的核心是半导体晶体

"你们保护了我们蒙古的传统文化"——前些日子,蒙古的教育科学部部长访问我的研究室时说了这样的话。这是怎么回事?据说,蒙古现在仍有很多人过着游牧生活,他们说:"我们想保持这样的传统生活,但一到晚上没有电灯,孩子们就没法学习了",蒙古的许多牧民对此颇为烦恼,但现在,蒙古包内可以使用 LED 与太阳能电池组合而成的灯笼,蒙古的教育科学部部长对此十分高兴。

在自己不知道的地方,LED 技术如此普及,令人十分高兴。同时也使我更感到,要让更多的人能够用上 LED,必须将它做得更加便宜。

大家找一下自己周围发光的物品,也许有很多 LED。现在,在我们的生活里有很多 LED,比如家里、工作场所的照明,街上看到的交通信号灯,车站的电子告示板都使用了 LED。使用了 LED,这些发光体都比以前更亮了。

在其他方面,如智能手机的液晶显示屏的背灯,能除臭的空气净化器中的光触媒技术等最新的电器产品中也使用了 LED。LED 不仅用于实用照明,圣诞节的彩灯、东京天空树的饰灯等慰藉人们心灵的装饰照明也用到了这项技术。LED 能以较少的能量获得较亮的光,为节省能源作出了贡献,所以在各个领域中迅速得到广泛应用。

仔细观察一下 LED 内部,发光的中心部分安装着"晶体"。晶体是原子或分子按一定规则整齐排列而成的物质。

下雪的冬日,观察空中飘下、落在毛衣上的雪花,也许会看到这雪花是呈六角形的。水分子按自然规则整齐地排列,呈现出几何学形式上的美丽结构。雪的晶体就是物质世界种种晶体中的一种。

蓝光 LED 中有氮(N)与镓(Ga)的原子按规则整齐地排列成的"氮化镓(GaN)"晶体。但在 20 世纪 80 年代以前,很难稳定地获得能控制 LED 的电气性能的高纯度晶体,很多研究者都放弃了研究。而现在,我们已经能够稳定地制备出高纯度的氮化镓结晶,这一突破是制造出蓝光 LED 的关键。

氮化镓除了做成 LED,还有其他的用处

2014 年诺贝尔物理学奖颁给了发明蓝光 LED 的三位研究者。"LED 照亮 21 世纪"成为了人类照明史上划时代的标语。不过,技术本身并没有到达顶点,内置于蓝光 LED 中的氮化镓晶体所蕴含的巨大潜能还远未开发出来。

LED 中的晶体用的是半导体,这种半导体材料的机理是发光的关键所在。在此,简单地回顾一下半导体的历史。最早的半导体是锗(Ge),接着是硅(Si),此后,开发出了砷化镓(GaAs)、磷化镓(GaP)等材料。这四种半导体的出现顺序正好与后文要详细阐述的"能带隙"由小到大的顺序相同。能带隙大的晶体,原子间的结合力强,只有在高温下才能制成。过去这样的晶体是无法制成的,随着晶体成长技术的进步,我们也渐渐能制成能带隙大、高纯度的晶体了。

从本科毕业论文开始,我就一直在研究氮化镓,这种材料最大的特点就是能带隙很宽。能带隙越宽,越能耐高电压,越能生成波长短的光。利用这样的特性,氮化镓不仅可用于 LED,还可用于各种电器,如冰箱、空调压缩机中使用的大功率半导体,能发出波长很短的深紫外线

的发光二极管、激光器,可利用太阳光中迄今为止未被利用的波长光的氮化镓太阳能电池等。

氮化镓能在解决能源、水源等问题上发挥作用

我现在正在考虑将氮化镓应用于以下几个领域。

一个是"水源问题"。根据联合国儿童基金会的调查,地球上喝不到洁净水的人口有 6.6 亿。另外,不能得到厕所、洗澡用水的人口竟有 24 亿。我希望为这些人提供用深紫外线 LED 杀灭细菌和病毒的水净化装置。现在,使用干电池、太阳能电池就能启动的水净化装置马上就要进入应用阶段了。下一步要解决的是如何降低成本及量化生产的技术问题。

另一个是"能源问题"。日本现在的 GDP 已经不太增长了,电力消费最多是持平,也可能会下降,但世界范围里,中国、印度等 GDP 迅速增长的国家需要更多电力。

根据国际能源机构的调查,到 2020 年左右,世界上的电力供应将赶不上 GDP 的增长。也就是说,世界上的电力会不够用。在这种情况下能发挥作用的是用氮化镓制造的大功率半导体。

氮化镓半导体与现在广泛使用的硅半导体相比,电流通过时的损耗可降低到原来的 1/10。名古屋大学做过这样的统计计算:LED 照明带来的节能效果加上大功率半导体带来的电力损耗的降低,可节省日本总电力消费的 16%。福岛第一核电站事故之前,核电提供的电力占日本电力供应的 30%。这就是说,LED 技术可以节省核电发电量的一半多。

出现电力供应不足的 2020 年,正好是要开东京奥运会的那一年。我们想在那时拿出一套十分高效的运用"LED 照明+大功率半导体"的综合系统。这套高效节能的系统将对世界产生一种示范作用。氮化镓晶体开拓的未来究竟如何?我想通过这本书与读者们一起作一番想象、思索。

第 1 章

从原子层面分析 LED 发光原理

在谈论蓝光 LED 之前,我想先讨论三个基本问题:一、LED 是用什么材料做成的?二、LED 为什么会发光?三、蓝光 LED 的制作为何很困难?

LED 是用什么材料做成的?

什么是半导体?

先让我们来考察一下 LED 是用什么材料做成的。

世界上的物质,按导电能力可大致分为三种:容易导电的"导体"、不能导电的"绝缘体"、导电能力介于导体与绝缘体之间的"半导体"。导体是金、银、铜、铝等金属,绝缘体是玻璃、橡胶、塑料等物质,而 LED 中的晶体是半导体。

图 1.1 所示为各种材料的对电流流动的阻碍程度——电阻率的大小。电阻率的值越小,电流越容易通过;电阻率的值越大,电流越难以通过。虽没有一个明确的界限,但一般来说,导体是电阻率小的物质,绝缘体是电阻率大的物质,半导体则是电阻率处于两者之间的物质。

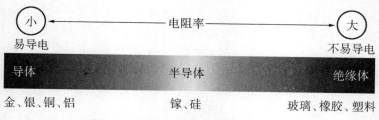

图 1.1 导体、半导体、绝缘体的电阻率

当温度变化时,半导体会显示出很有趣的性质。如果是导体的话,随着温度的升高,电阻相应地增大,电流流动受阻。电流其实是"自由运动的电子"。在按规则原子整齐排列的晶体中,电子可以像障碍跑时穿越网状障碍物一样向前运动。导体材料温度升高后,由于晶体的原子激烈振动,使得电子难以穿越障碍前行,电阻率就增大了。半导体却与之相反,随着温度升高,电阻率反而降低,电子流动会一下子变得非常通畅。(图 1.2)

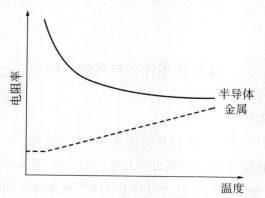

图 1.2 半导体电阻率—温度特性

电子只进入"预先确定的房间"

为什么半导体温度上升后会让电的流动更容易呢?我们要了解LED 的性质,就需要考察一下这个问题。电流本质上是"自由电子的运动",那么我们先来考察一下电子的性质。我们都知道,原子是由质子与中子构成的原子核及其周围的电子构成的。

说到这里,冒昧问一下各位:生活得自由自在吗?还是生活在各种制约之中,勉强行事呢?你如果是上班族,每天都会受到公司里的各种规定限制,做事碍手碍脚的,但基本的行动自由还是有的吧?而原子核周围的电子,在能量上只能各自进入"预先确定的房间"。

这个"预先确定的房间"称为"轨道",是"电子能够存在的空间",更准确地说是"电子存在的概率较高的空间"。

轨道有几种类型,"s轨道"呈球形,"p轨道"呈8字形,"d轨道"呈四叶红花草形。几种轨道的结集称为"电子层"。图1.3表示能量高低与轨道之间的关系。电子从能量低的轨道开始按顺序填充,一根轨道中可有两个电子。例如,K层有1根s轨道,L层有1根s轨道和3

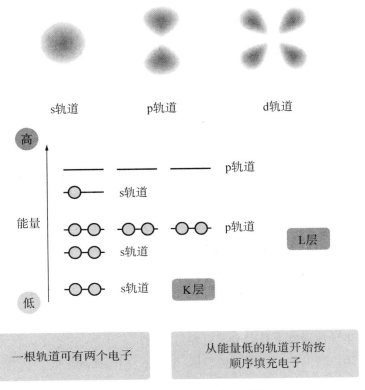

图1.3 能量的高低与轨道的关系

根 p 轨道,M 层有 1 根 s 轨道、3 根 p 轨道、5 根 d 轨道。

先来看填满电子且能量最高的轨道(图 1.4)。如果只有 1 个原子,一根轨道上是有电子的,而上面的轨道则没有。

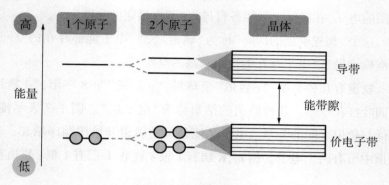

图 1.4　晶体的能带

再看 2 个原子结合在一起的情况。各轨道看上去似乎是以相同的能量重叠在一起,但实际并非如此。原子与原子靠得很近,能量相同的轨道会互相影响,各轨道的能量就会有所不同。

那么,原子 3 个、4 个地增加上去,有很多原子集聚起来的晶体会是什么样子的呢? 会有充满电子的轨道和未充满电子的轨道。大量的轨道集聚,会产生能量上的高低差异,形成"带"。这种"带"称为"能量带"(后文简称为"能带")。而充满电子的能带称为"价电子带",在它上面没有电子的能带称为"传导带"(后文简称为"导带")。另外,在价电子带和导带之间的能量差叫作"能带隙"(后文简称为"带隙")。抱歉,这一段文章里出现的概念太多了。这些概念对理解 LED 的机制很重要,请各位读者尽量理解这些概念,以便跟上以下的说明。

为何半导体温度上升后电子更容易流动?

用能带的概念再来比较导体、半导体、绝缘体的不同。这三种物质的区别与"电子充满的程度"及"带隙的大小"有关。

如图 1.5 所示的三种能带。电子从能量低的位置开始,按顺序填

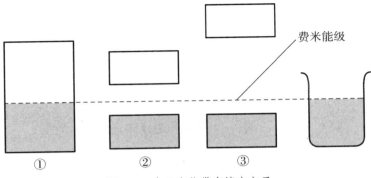

图 1.5 在三个能带中填充电子

充,没有能带的地方就没有电子。

电子的填充,就像往水槽里注水一样。按照图 1.5 所示,①电子填充到了能带的中间部分,而②和③则分别为充满电子的能带与没有电子的"空"的能带。

这里将能带看作水槽而将电子看作水,试着将图 1.5 倾斜过来看。大家也可想象着将水槽倾斜过来时的情形。这样就产生了图 1.6 的状况。水槽①的上方有空隙,水可以移动。但水槽②和③中充满着水,没有空隙,水不能移动。"倾斜"在这里就比喻为连接电池,施加电压。

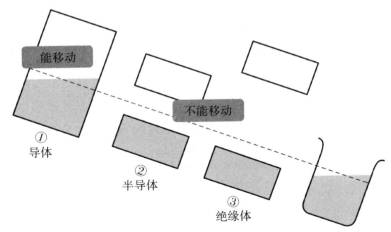

图 1.6 在三个能带中填充电子并倾斜

即,给①加了电压,电子能自由运动,就有了电流;而②和③中,电子无法自由运动,因此没有电流。

往水槽中注水后水面的高度,即显示电子可以填充到何种程度的能量,称为"费米能级"(Fermi level)。这种费米能级,如①显示的,位于能带内部的就是导体。而②和③显示的,费米能级位于能带外面的就是半导体和绝缘体。那么,半导体和绝缘体有什么不同呢?

下面,再稍详细说明一下"费米能级"。前面说过费米能级是显示电子可以填充到何种程度的能量。即,在比费米能级低的能量中电子是能够存在的,而在比费米能级高的能量中电子是无法存在的。这种现象,在最冷的温度——"绝对零度(-273℃)"的状态下是存在的,但不是在这种温度下就不一定了。

电子的分布概率,就是在一定的能量中,电子能够存在的概率。"0"即电子无法存在,越接近"1",电子存在的可能性就越高。在绝对零度的情况下,电子分布概率如图1.7a所示,以费米能级为界线,"0"和"1"就非常清晰地被区分开来。也就是说,比费米能级高的能量中,电子是无法存在的。

半导体的温度升高后,电子在比费米能级高的能量中可能存在的概率提高(图1.7b)。价电子带中的电子接受热能后,可以移动(激励)至比费米能级更高能量的导带。于是,导带中自由移动的电子增加,价电子带中电子移动后产生了带正电的穴——"空穴"(后文将对此详述)。电流大小,取决于能自由移动的电子和空穴的浓度以及表示电子及空穴易于移动程度的"迁移率"(mobility)。虽然迁移率在温度升高后会减低,但自由移动的电子的浓度随着温度的升高会以指数式增加,最终的结果是电阻率减小,电流变大。

"兴奋剂"导致性质突变

前面讨论了半导体在"温度升高后会产生电流"的性质。下面我们讨论半导体非常"神经过敏"的另一个有趣性质。

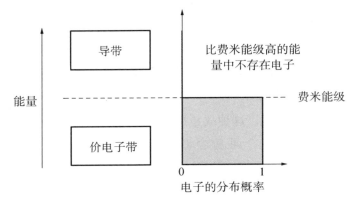

（a）绝对零度（-273℃）的情况

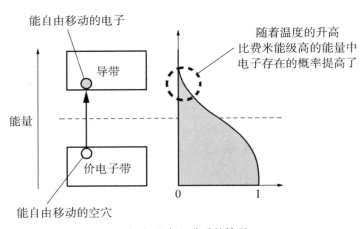

（b）温度上升后的情况

图1.7 半导体的电阻—温度特性

　　诸位读者中也许有人会因一堆衣架中混入了不同衣架而耿耿于怀。即便只有一个不同种类的衣架混在其中,也会变得心神不定。同样,半导体也有这种情况,"对不纯物非常敏感"。

　　要说敏感到什么程度,可以是一亿分之一的微量不纯物混入,半导体的性质就会发生极大的变化。请想象一下1亿粒丹波黑豆*占有的体积有多大,相当于200升装汽油桶350桶。这么巨大的量中只要混入了1粒别的豆,就会导致性质突变,真是惊人的敏感!

而我们就是要利用这种半导体对杂质敏感的性质。前面提到,温度升高,赋予半导体能量后,就会产生电流。而混入微量杂质,只要很小的能量就会产生电流。这种故意掺入杂质的方法称为"doping"(掺杂)**。听到"doping"这个词,就会想到体育运动员为提高运动能力在赛前服用违禁药物(兴奋剂)的行为,读者们也许对此没有什么好印象。"兴奋剂"的使用其实也是在自己的身体中掺入杂物。

为何掺入杂质后电流会更容易流动呢? 举大家比较熟悉的半导体硅的例子来看。硅的原子最外层的壳有4个电子。大量硅原子聚集形成晶体后,相邻的原子互相交出一个电子,4个原子结合在一起(图1.8)。

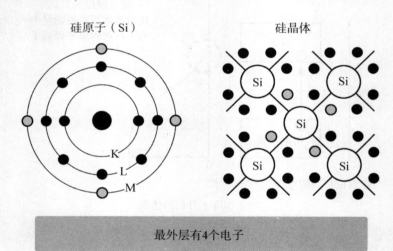

硅原子(Si)　　　　硅晶体

K
L
M

最外层有4个电子

图1.8 硅原子与硅晶体

---

* 丹波黑豆,产于日本京都府中部、兵库县中东部(古时地名为丹波)的一种黑豆。——译者

** doping一词,在半导体工艺上为"掺杂"的意思。在体育上就是媒体中经常出现的"兴奋剂"的意思。——译者

试着在这样的硅晶体中掺入杂物。首先是磷(P)。磷原子的最外层的壳,比硅原子多了一个电子,有 5 个电子。如图 1.9 所示,一个硅原子替换成磷原子,与之前同样,邻近原子互相交出一个电子而结合在一起,这时,出现了一个多余电子。只要给这个多余电子微量的能量,它就会离开磷原子自由地运动,也就是产生了电流。

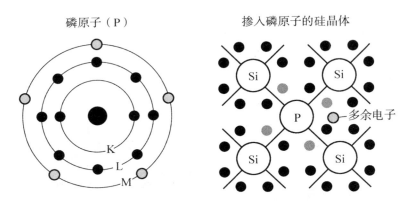

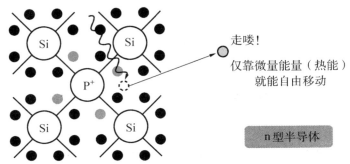

图 1.9 在硅晶体中掺入磷原子后会发生的变化

这样,掺入最外层多一个电子的不纯物而形成的晶体就会有大量过剩的电子。这种材料被称为"n 型半导体"。因电子带负电,用 negative 的第一个字母"n"来表示。n 型半导体中含有的杂质,比如像磷原子,也就是在晶体中提供可自由移动的电子的物质,称为“施主杂质”(donor)。donor 这个英文单词在器官移植中是指提供器官的人。

再看看掺入硼(B)原子的情况。硼原子的最外层电子比硅原子的少一个,只有 3 个电子。如图 1.10 所示,硅原子替换为硼原子。这样形成了少一个电子的状态。由于失去了本来应有的带负电的电子,恰如形成了带正电的“穴”,于是把它称作“空穴”。

掺入原子最外层少一个电子,形成含有大量空穴的晶体材料被称为“p 型半导体”。由于是带正电的“穴”,用 positive 的第一个字母“p”来命名。

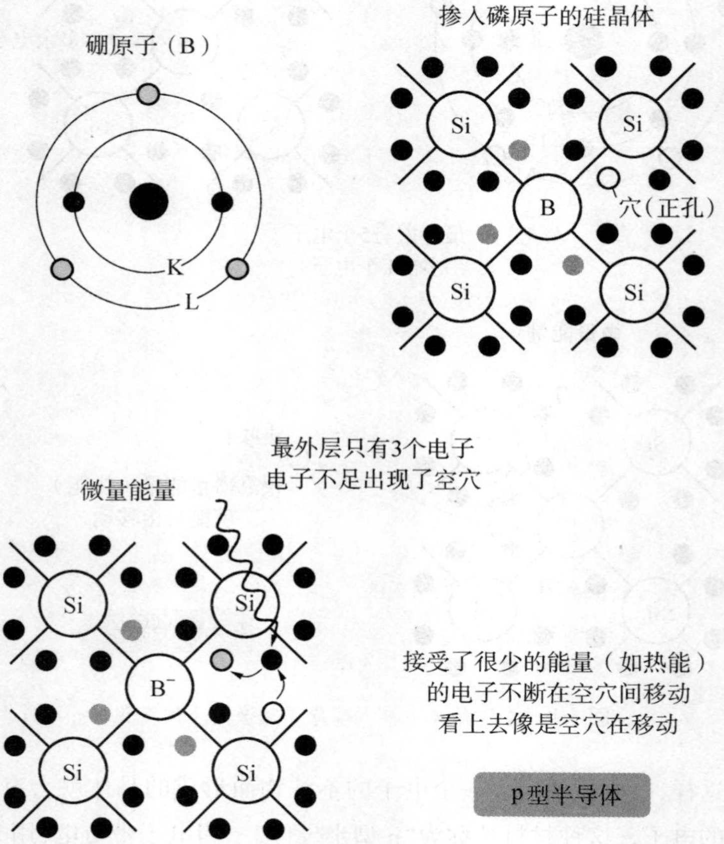
硼原子（B）
K
L
掺入磷原子的硅晶体
Si
Si
B
穴(正孔)
Si
Si
最外层只有3个电子
电子不足出现了空穴
微量能量
Si
Si
B⁻
Si
Si
接受了很少的能量（如热能）
的电子不断在空穴间移动
看上去像是空穴在移动
p型半导体

图 1.10 在硅晶体中掺入硼原子后发生变化

如对与空穴相邻的电子施加微量能量,电子就能跳入空穴。于是,原有电子的位置就空了出来,使邻近的电子又能跳入这个空穴中……这样不断反复,恰如空穴在移动。其结果就是,空穴起了接受电子的作用。p型半导体中含有的杂质,比如像硼原子,即能增加接受电子的空穴的物质,称为"受主杂质"(acceptor)。

LED 是用"pn 结"做出来的

现在用前面讨论过的能带的概念来对 n 型半导体和 p 型半导体作一点更为详细的考察。

先讨论掺入磷原子的 n 型半导体。半导体有充满电子的"价电子带"和没有电子的"导带",两者之间存在着"带隙"这样的能量差。在其中掺入磷原子后,就能以微量能量增加自由运动的电子。即用微量的能量使移动到导带中的电子增加。n 型半导体能带如图 1.11 所示,在导带的下方形成了新的电子可存在的区域,这个区域里电子的数量增加了(图 1.11 左)。

这样,掺入施主杂质形成新的电子可存在的区域称为"施主杂质能级"。在施主杂质能级上的电子,仅用常温状态的热能,就能被激发进入导带(图 1.11 右)。此外,因少量电子从价电子带移动到导带,n

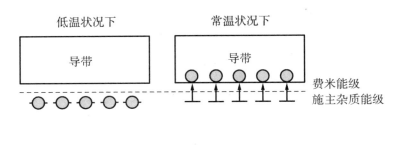

图 1.11　n 型半导体的能带

型半导体的导带中有大量电子,价电子带中有少量的空穴。由于出现了施主杂质能级,"显示电子能填充到何种程度的能量"的费米能级的位置发生改变。电子能填充至施主杂质能级,表示电子充满状况的费米能级移动至施主杂质能级的上方。

而掺入硼原子的 p 型半导体中,仅以微量能量电子就能增加移动的空穴。即如能带图所示,在价电子带上方不远处形成了新的电子能存在的场所,形成了电子能跳入的空穴(图 1.12 左)。

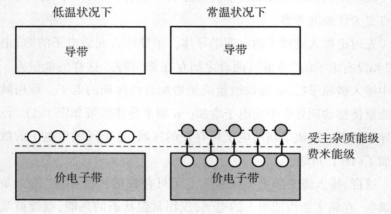

图 1.12 p 型半导体能带

这样,掺入受主杂质形成的新的电子可存在的区域称为"受主杂质能级"。价电子带中的电子,仅以常温下的热能就能激发至受主杂质能级(图 1.12 右)。另外,也有电子从价电子带进入导带的情况,因此,p 型半导体的价电子带中有许多空穴,导带中有少量的电子。在这种情况下,改变电子填充的状况,费米能级就能移动到受主杂质能级的正下方。

有了以上的讨论,我们现在终于可以来回答"LED 是用什么做成的?"这个问题了。前面已经提到过 LED 是用半导体做出来的,确切地说,是用 p 型半导体和 n 型半导体的结合体,叫作"pn 结"的晶体制作出来的。这样,我们就能考察"LED 为何能发光?"的问题了。

将电转变为光的原理

p 型与 n 型半导体结合后会发生什么?

如果让 p 型半导体与 n 型半导体结合的话,会发生什么呢? 先大致考察一下高浓度的乳酸菌原液与水混合在一起时会变成什么样。搅拌后,两种液体迅速地混合在一起,经过一段时间,乳酸菌会均匀地扩展开来,新的混合液体各部分浓度趋于均等。

两种半导体结合起来时,也会发生同样的情况。试着把带有许多负电电子的 n 型半导体与带有许多正电空穴的 p 型半导体结合起来。最初正电与负电分布会极不平均。渐渐地,n 型半导体中的电子会向 p 型半导体扩展,而 p 型半导体中的空穴会向 n 型半导体扩展,最终浓度会趋于平均。于是,如图 1.13a 所示,能自由移动的电子进入空穴的穴中,自由电子和空穴会相互结合而消失。

如果这样持续下去,所有的自由电子和空穴会互相结合而消失,但实际上并非如此。

电子和空穴在某种程度上结合而消失后,在 n 型半导体和 p 型半导体的界面附近,会留下失去一个电子的磷的正离子与增加一个电子的硼的负离子(图 1.13b)。这种状态下,n 型半导体的电子向 p 型半导体扩散时,会因与硼的负离子互相排斥而不再扩散。同样,p 型半导体的空穴向 n 型半导体扩散时,也会与磷的正离子互相排斥(图 1.13c)。即,某种程度上,自由电子与空穴扩散后,pn 结的界面附近的离子会形成"墙",将移动过来的电子与空穴弹回去。这样,n 型半导体中的自由电子和 p 型半导体中的空穴,会在累积的状态下稳定下来。这种 pn 结界面附近离子存在的区域叫作"耗尽层"(depletion layer)。

接下来,用能带图来考察一下 pn 结。把前面提到的 n 型半导体与 p 型半导体的能带图合并起来看,可看到两种半导体在"费米能级的高度"上有很大差别:n 型半导体的费米能级在导带的下方,而 p 型半导

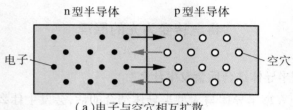

（a）电子与空穴相互扩散

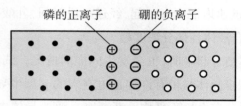

（b）留下磷的正离子与硼的负离子

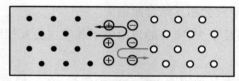

（c）电子和空穴与离子相互排斥而不能扩散

图1.13 p型半导体和n型半导体结合后发生的变化

体的费米能级在价电子带的上方。

这里再一次将费米能级比作向水槽里注水的水面高度。将大水槽隔开，左侧注入大量的水，右侧注入少量的水。这时，将中间的隔板撤去，会发生什么（图1.14）？左侧的水会迅速地向右侧流动，水面的高度很快会变得相同。

实际上，半导体的费米能级也发生了同样的情况。即，两种半导体结合后，n型半导体与p型半导体的费米能级高度会趋向一致。由于存在着两种半导体的能带的高度差，界面附近的能带会形成平缓的坡道而连接在一起（图1.15）。

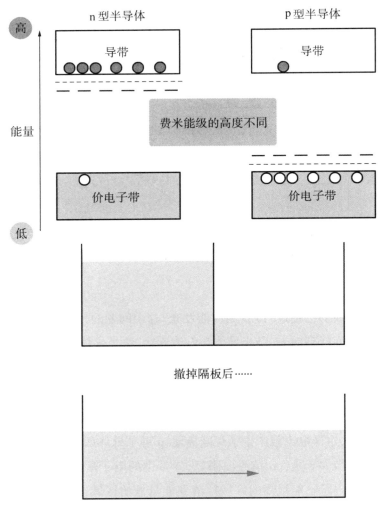

图 1.14 撤掉水槽隔板后,水面高度的变化

　　这时,n 型半导体导带中的自由电子向 p 型半导体扩散,由于遇到了界面附近的能量壁而不再移动。p 型半导体在价电子带中的空穴也同样如此。这就是 pn 结的能带图。附带说明一下,连接坡道的区域,就是前面提到的"耗尽层"。讨论到这里,距离解答"LED 为何能发光"之谜仅有一步之遥了。

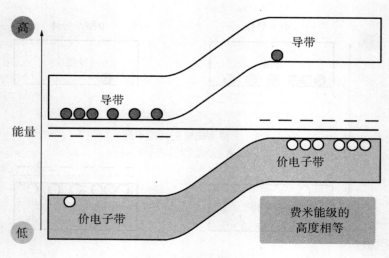

图 1.15 pn 结能带

电流通过 pn 结后就会发光！

现在我们已接近"LED 为何能发光"这个问题的核心了。

将前面提到的 pn 结半导体与电池连接,给半导体加电压。p 型半导体接正极,n 型半导体接负极。于是,与所加电压相对应,pn 结界面附近的能量壁的高度降低了。

能量壁高度降低后,n 型半导体的电子就能跨越能量壁,向 p 型半导体扩散,这样电流就产生了。同样地,p 型半导体的空穴也能向 n 型半导体扩散。于是,pn 结界面附近,导带中的电子落到了价电子带的空穴中。电子从能量高的区域掉落到能量低的区域,就会放出与掉落的能量相对应的光。这就是 LED 的发光机制。关于能量为何能转换成光的问题,后面再作说明。

接下来,反向连接电池,p 型半导体接负极,n 型半导体接正极。于是,与所加的电压相对应,pn 结界面附近的能量壁的高度会变得更高。这样一来,电子也好、空穴也好都无法移动,电流自然也不会产生。这就出现了半导体的一个特征:pn 结只能在一个方向上产生电流。

说到 LED，一般就会想到省电的优点。根据关东电气保安协会的调查，与 54W 的白炽灯发光亮度相同的 LED，只需 7W 的电力。也就是说，LED 的耗电量大概只有白炽灯的 1/8。为何 LED 与白炽灯相比，能更高效地发光呢？

各位读者的记忆中是否有过大雪纷飞的寒冷冬日里，在壁炉的火焰旁烤着冻僵的手，温暖着身子的情景？炉中时而发出噼噼啪啪的木炭爆裂声，给冷彻的心灵带来了一点心情愉快的温暖。对着竹筒"呼——，呼——"地向炉内吹气，被加热的木炭发出的红色火光就更加明亮，红色发白的火焰在炉膛中摇曳。这时的木炭发出的光叫作"热辐射"，即有热量的物体会放出与其温度相对应的光。白炽灯的发光机制与这种现象相同，电流流过灯丝将其加热，电转变为热量后发光。

但 LED 的发光机制不同。前面说到，导带的电子掉落到价电子带时，就会放出与带隙能量相对应波长的光。即，LED 并不借助热，而是由电直接转变成光。因电的能量没有以热的形式逃逸，所以能高效率地发出光，发出同样亮度的光只需较小的功率就够了。

LED 的光是什么颜色的？

LED 发出的光是什么颜色的？为理解下一节"蓝光 LED 的制作为何很困难？"的问题作点准备，先了解一下"LED 能发出什么颜色的光"。这里，先说明一下光的波长与能看到的颜色间的关系。

我们所知道的光，有红、黄、绿、蓝等多种色彩。人用眼睛能看到的光叫作"可见光"，只占光的整体中的一部分，还有许多看不见的光（图1.16）。

光有波的性质。这些波的相邻两个波峰间的长度叫作波长。根据光波长的不同，有些光是人能够看见的，有些光是人不能看见的。另外，波长还决定人眼能看到哪些颜色的光。人能看见的光，在 380—780 纳米波长的范围内。从波长长的一侧按序排列为"赤、橙、黄、绿、

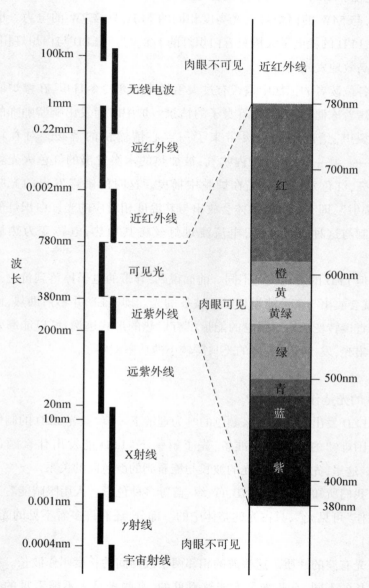

图 1.16 电磁波的波长与光谱

青、蓝、紫”,即彩虹的七色。波长更短的是能使皮肤晒黑的“紫外线”、X 光检查用的“X 射线”、放射线的一种“γ 射线”等。

在对放射线的研究中我们了解到,波长越短,光的能量越大。而波长较长的光里,有取暖器发出的“红外线”,微波炉发出的“微波”,电视、广播电台广播时发出的“无线电波”等。光的波长越长,能量就越小。光既有波的性质,又有能量粒子的性质,即“波粒二象性”。

现在来考察一下 LED 光的颜色。前面说到,导带中的电子落入价电子带的空穴时放出相应能量的光。落下去的能量即“带隙”。LED 发出的就是与带隙能量相应波长的光。反过来说,按所需颜色的波长,调节带隙,就能得到所想要的光色。

顺便补充一点,带隙的能量用“Eg”来表示,光的波长以微米为单位。可用“1.24÷Eg”的算式算出这种能量,用 eV(电子伏)来表示,eV 是表示基本粒子所具能量的单位。

蓝光 LED 的制作为何很困难?

蓝光 LED 的研发花了 30 年时间

从本节起,我们要讨论蓝光 LED 的话题了。首先,回顾一下迄今为止的 LED 研发历史。

光的三基色中,最初开发出的 LED 是发出红光的。1962 年,美国何伦亚克(Nick Holonyak)博士的团队取得了成功。此后,1968 年绿光 LED 被研发出来了。在光的三基色中只剩下蓝色了。如果能研制出蓝光 LED,光的三基色就齐了,就能用这些光来表现多彩的颜色。因此,当时许多研究者都加入到了蓝光 LED 的研发中来。

但接下来的研发并未像想象中的那样顺利。世界上最初的 pn 结蓝光 LED 被制作出来的时间是 1989 年,明亮并能付诸实际应用的蓝光 LED 的研制成功则是在 1993 年。距最初研制出红光 LED,已经过去了 30 余年的时间。

为何蓝光 LED 的研发需要如此长的时间？为何蓝光 LED 的制作如此困难？其最大的原因是"很难稳定地制作出高品质的晶体,很难制作出设想中的 p 型半导体"。现在已经普及了的蓝光 LED 的核心部位,用的就是半导体晶体的 pn 结。而其中的 p 型半导体的制备十分困难。

下面,我想从"晶体是如何制作出来的？"这个基本问题开始作些说明。高品质晶体研制称为"晶体生长"。从字面上来理解,培育晶体就像是一个"成长"的过程。举个例子来说,就像儿童玩的乐高积木。在凹凸排列的薄板上,一个个小积木紧密排列在一起。一层、两层地堆积起来,最终形成按规则排列的一整块大积木。在晶体生长的实验中,要准备一块称作"基板"的晶体薄板,在基板上规则地堆积起要使其成长的材料,使晶体逐渐地变大(图 1.17)。

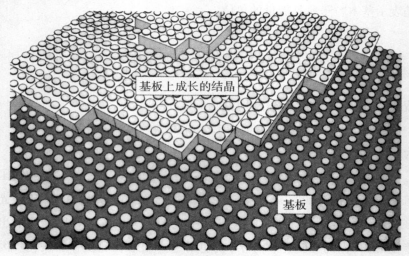

基板上成长的结晶

基板

图 1.17 在基板上晶体的成长

最合适的"材料"是什么?

那么,在实际生产中,蓝光 LED 的晶体是用什么材料来制作的呢？前面说到,LED 光的颜色可以用带隙的能量来调节。要发出蓝光,至少需要 2.6eV 的能量,也就是说,要选择带隙比这一能量稍大一点的材料。当初,这种 LED 的晶体材料主要有三个备选。除前言中介绍过的氮化镓之外,还有硒化锌(ZnSe)和碳化硅(SiC)。

下面将依次考察这些半导体的特征。不过在这之前,先要说明一下"带隙的能量不一定能全部变为光"的问题。

如图 1.18 所示,能带图中,横轴表示电子及空穴的运动量,纵轴表示对半导体施加的能量。价电子带像山峰一般,导带像峡谷一般。前面提到过,导带的电子与价电子带的空穴相结合发出光,电子与位于能量差最小区域中的空穴结合。即,导带中最深的峡谷中的电子落入价电子带峰顶上的空穴的概率是最大的。

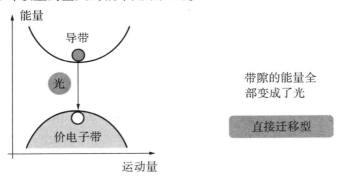

（a）价电子带的"峰"正好对准导带的"谷"

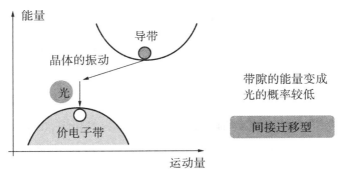

（b）价电子带的"峰"与导带的"谷"有偏差

图 1.18 直接迁移型与间接迁移型

依据上述情况,半导体大致能分为两种。"导带的谷底与价电子带山峰对齐的半导体"与"导带的谷底与价电子带的山峰错位的半导体"。

导带的谷与价电子带的峰对齐的情况,即意味着相互结合的电子与空穴的运动量是相同的。这种情况下,电子落入空穴的能量全部转换成光。这种半导体称为"直接迁移型"。

而在导带的谷与价电子带的峰错位的情况下,相互结合的电子与空穴的运动量是不同的。于是,电子落入空穴时,一部分能量转换成晶体的振动,发出的光就减少了。这样的半导体叫作"间接迁移型"。作为供 LED 使用的半导体,要使其发出更明亮的光,很明显,直接迁移型半导体更适合。

下面依次看一下前面提及的制作蓝光 LED 可使用的三种备选材料的特征。

首先,"碳化硅"是间接迁移型半导体,很难发出明亮的光,一开始就从备选材料中被排除了。未把碳化硅列入备选材料还有一个原因。当时,碳化硅晶体生长时所使用的基板只有美国的"CREE" * 晶体基板厂商能制作。我们不太想做被美国公司控制了基本技术的东西。我们有种强烈的想法:用自己原创的晶体来实现蓝光 LED！另外,碳化硅的生长,需要 1600—1800℃ 的高温。当时,我们使用的装置的耐热极限在 1100℃ 左右,也没有资金来购买新的装置。

剩下来就是"氮化镓"和"硒化锌"了。这两种半导体都是直接迁移型的,很值得期待。但由于硒化锌已拥有了砷化镓这种配合度很好的基板,许多研究者都在研究这种材料,而进行氮化镓研究的人基本没有。

当时,名古屋大学赤崎研究室,除了我研究氮化镓,也有学长在研究硒化锌,研究室同时在做这两种材料的实验。因此,我通过旁观学长

---

* 美国 CREE 公司目前是 LED 芯片、LED 组件、照明产品、电源转换和无线通信设备市场中处于领先地位的公司。公司网页:http://www.cree.com。——译者

做的硒化锌实验知晓了:硒化锌这种材料非常脆弱,掉在地上很容易碎裂,稍稍碰一下就不发光了。近距离看着学长所做的这些实验,感觉硒化锌似乎很难商品化。

而另一方面,要制作氮化镓的高品质晶体虽然很难,但氮化镓非常坚固。选择氮化镓作为蓝光 LED 晶体材料的最大理由就是这种材料"坚硬、稳定、坚固"。一种技术要在社会生活中起作用,就应是能使用很长时间、很坚固的材料。学工程的人都有一种强烈的愿望:"做出来的东西,最要紧的是能在社会上起到作用"。

最合适的"基板"是什么?

决定使用氮化镓材料后,就要考虑能使晶体生长的"基板"的问题了。

前面已提到过,基板是作为晶体生长基础的薄板状的晶体。前面拿乐高积木作过一次类比,现在再来作一次类比。乐高积木可以很顺利地在基板上堆起一块块小积木。这个看似理所当然的现象,是因为有乐高积木所有的凹凸间隔都相同这样一个技术条件。

如果基板方块的凹凸与在其上面堆起来的方块的凹凸间隔不一致,会发生什么情况呢?只要有微小的偏差,就要用很大力气,才能把积木插进去。硬要这么做,积木方块就会损坏。

用乐高积木比喻的"凹凸间隔"问题,在实际的晶体中,相当于"按规则正确排列的原子间隔",这种间隔距离叫作"晶格常数"。晶体材料与基板材料的晶格常数相同的话,就能成长出高品质的晶体,晶格常数相差越是大,晶体的排列就会越困难,就会产生很大的扭曲,造成龟裂等缺陷。

那么,能使氮化镓晶体生长的最好基板是什么呢?晶格常数相同则最好,用与晶体材料相同的氮化镓来做基板是最合适的。但当时还不能制作出原子整齐排列的氮化镓"单晶体"基板。因此,不得不寻找别的材料的基板。

我的恩师赤崎勇老师(现在是名城大学终身教授、名古屋大学特别教授),在松下电器东京研究所从事研究时,老师的研究团队用各种基板反复做了实验。实验过的基板材料有硅、磷化镓、砷化镓、碳化硅以及工业用蓝宝石(Al_2O_3)。

选定基板的重要因素是要与晶体同样地"坚固"。要使氮化镓晶体生长,需要将温度升至1000℃的高温。另外,我们使用氨气作为提供氮原子的材料,氨气是有腐蚀性的气体,很容易发生化学反应。也就是说,作为氮化镓晶体生长的基板必须是能耐受高温和氨气侵蚀的坚固材料。

我们先考察硅,看其是否适用于做基板。结论是,硅在当时的技术条件下,还不能作为基板来使用。原因有两点,其一,由于硅一开始就会与镓发生反应,产生共晶现象,硅作为基板,就会出现融化现象。其二,硅如果与氨气先反应,会在基板上形成氮化硅(Si_3N_4),这样,氮化镓就无法成长了。另外,晶格常数相差也过大(不过,现在已有一种技术:一开始就将氮化铝薄膜敷在硅基板上,这样,硅基板上也能生长氮化镓晶体)。

接下来是磷化镓和砷化镓,由于这两种基板无法耐高温,高温下会分解,显然,这样的材料也是不行的。

最后剩下的只有碳化硅和工业用蓝宝石能耐高温且避免与氨气反应。而最后选用的是工业用蓝宝石。理由是蓝宝石更便宜。虽说便宜,毕竟是蓝宝石,当时便已非常昂贵,1英寸(2.54厘米)要数万日元。不过,同样大小的碳化硅,价格则要数十万日元。

当时,我们会将蓝宝石基板切下1/4,再切下其中的1/4,即只使用基板的1/16的小块。名古屋大学的研究刚开始时,经费很少,只能把高价的基板切小了使用。而且,实验时,新的基板用完后,我们还会用高温分解附着在基板上的氮化镓,以便基板能重复利用。

当时,只靠大学的研究经费,实验是没法持续下去的。那时,我们得到了在松下电器工作时与赤崎老师共事的桥本雅文老师的援助。赤崎老师转到名古屋大学时,桥本老师也因工作调动去了别的企业。桥本老师在那家公司时,给予了我们的实验多方面的支持。对于这一点,至今我们对桥本老师感激不尽。

最合适的"结晶法"是什么?

前面说到,我们决定用"氮化镓"作为蓝光 LED 的晶体材料、"蓝宝石"作为晶体生长的基板来做实验。接下来要考虑的就是"用何种方法能使晶体生长"。

晶体生长的方法大体上有三种。使用气体原料的"气相生长法",使用液体原料的"液相生长法",使用固体原料的"固相生长法"。在蓝光 LED 研发的最初阶段,是用气相成长法来制作氮化镓的。具体来说是"卤化物气相外延法"(HVPE)*。卤化物是指氟(F)、氯(Cl)等元素周期表中 VII 族的元素(即卤素)的化合物。"卤化物气相外延法"是在高温下使卤化物气体与金属发生化学反应,将金属卤化物吹到基板上,使晶体生长的方法。

制作氮化镓时,将镓与氯化氢(HCl)反应后形成的氯化镓(GaCl)与氨气(NH_3)吹到基板上(图 1.19)。于是发生了

$$GaCl+NH_3 \rightarrow GaN+H_2+HCl$$

这样的化学反应,氮化镓的晶体生长就在基板上开始了。

上面的过程听起来十分简单,但实际上非常困难。如图 1.19 所示,镓与氯化氢反应的位置,与基板附近形成晶体的位置的最适宜温度是不同的。即,用电热器加热时的温度,至少有两个位置必须同时控制。不仅如此,为制作氮化镓的 p 型半导体,掺入杂质的浓度也必须控制得相当准确。

要满足所有这些条件,才能制作出高品质晶体,这样的实验要求的

---

* 卤化物气相外延法(Halide vapor phase epitaxy,HVPE),一般称为"氢化物气相外延法"(hydride vapor phase epitaxy),是一种常用于制备 GaN、GaAs、InP 等半导体及其有关化合物的外延生长技术,通常使用的载体气体包括氨、氢和各种卤化物。——译者

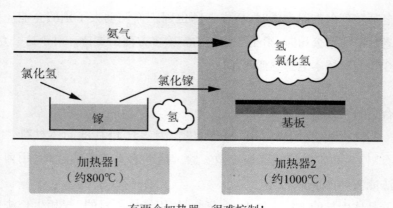

有两个加热器，很难控制！

图1.19　卤素气相外延法（HVPE法）模式图

技能近乎于高超的手艺人。在10次到20次的实验中仅有1次能得到高品质晶体，大多数是有空穴、龟裂等，无法使用。另外，HVPE法制作晶体，晶体生长的速度非常快，难以控制晶体生长的厚度。

回顾历史，美国的研究者——马鲁斯卡（H. P. Maruska）与德琴（J. J. Tietjen），1969年首次用HVPE法在蓝宝石基板上成功地制作出了某种程度上较高品质的氮化镓晶体。

1971年，美国的研究者庞克夫（J. I. Pankove）使用HVPE法制作的氮化镓晶体，确认其发出了蓝绿色的光。但是那种晶体不是前面提到的pn结，而是"MIS型"结构。即金属（Metal）、绝缘体（Insulation）、半导体（Semiconductor）的三层结构，取这三个词英语的第一个字母称其为MIS型。这种结构虽然能发光，但效率太低，亮度不足。要发出更明亮的光，必须要制作出pn结。但是p型半导体的制作十分困难。在20世纪70年代的条件下，只能达到MIS型的程度。

由于很难稳定地制作出高品质的晶体，所以也很难制作出p型半导体。另外，当时的晶体在没有掺入杂质的情况下就形成了n型半导体，无法控制n型半导体的制作。许多用一般方法无法解决的困难不断出现，致使蓝光LED的研发花费了很长时间。

第 2 章

挑战蓝光 LED 的关键:制作高品质晶体

本章伊始,我想先回顾一下我在名古屋大学学生时代所做的实验,聊聊蓝光 LED 制作成功的整个过程。如第 1 章中所说的,为了使蓝光 LED 达到能投入实际使用的水平花费了很长时间,其原因是"很难稳定地制作出高品质的晶体,无法控制其电气性质"。因此,首先需要突破稳定制作高品质晶体这一难关。第一件要做的事是制作世界上绝无仅有的实验装置。接下来是使用这种自制的装置,尝试高品质氮化镓晶体的制作。这段时间正好是我刚进入赤崎研究室,做本科生毕业研究到硕士课程(博士课程前期)二年级之间的一段时间。

世界上绝无仅有的实验装置

能用的经费仅 300 万日元,勒紧裤带把实验装置做了出来

有关制作氮化镓晶体的方法,第 1 章中介绍了 HVPE 法,聊到 HVPE 法需要在多个位置用电热器加热以控制温度,很难稳定地制作出高品质的晶体。

因此,赤崎老师想尝试别的方法。那种方法叫作"有机金属气相

生长法(MOVPE法)"。所谓有机金属就是金属带有甲基(-CH₃)的化合物。甲基是一个碳原子和三个氢原子结合起来的物质。MOVPE法是将有机金属的气体吹到基板上使晶体生长的方法。图2.1所示是实际运用过MOVPE法的实验装置。

图2.1 有机金属气相生长法(MOVPE法)所使用的装置

(照片提供:名古屋大学赤崎纪念研究馆)

为了使氮化镓晶体生长,需使用三甲基镓(TMGa)提供镓原子,使用氨气提供氮原子。将这些材料与氢气和氮气一起吹到基板上。氢气和氮气起到将原料送达基板的作用,因而叫作运载气体。

在HVPE法中,首先使固体的镓与氯化氢反应,而后将氯化镓气体吹到基板上。即,除了要控制制作晶体的反应,还必须控制制作原料气体的反应。

但是,采用MOVPE法就没有必要进行制作原料气体的反应,加热后控制温度的位置只有一个,与HVPE法相比,更容易控制晶体的生长。而且,只要改变投放原料气体的流速就可以控制原料的供应量,这一点也是很大的优点。

在名古屋大学最初制作MOVPE装置的是长我两岁的学长。一开始,我们就是用这个装置进行实验的。此后,在我硕士课程二年级时,赤崎研究室的博士生小出康夫学长(现任职物资·材料研究机构)经验丰富,仅用了一个月的时间就设计出了新的装置,我与其他三个同学一起将其组装了起来。

最初制作的 1 号机,其结构如图 2.2 所示,由放置蓝宝石基板的试验材料平台、将原料吹至基板的配管、将上述部件构成的反应部分封闭起来的反应管、线圈通电后能控制基板附近温度的感应线圈和振荡器、抽掉反应管中空气形成真空状态的真空泵、原料与反应管连接的配管、调节原料流量的流量计等部分构成。装置须按照这个设计方案来组装,花费巨大,而整个研究室一年能用的经费却只有 300 万日元,我们只能勒紧裤带来制作装置。

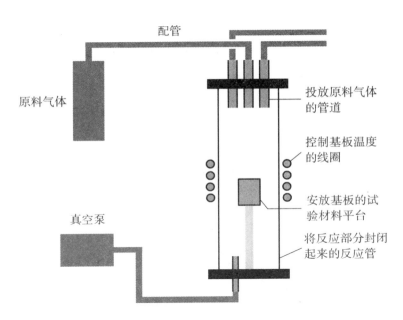

图 2.2　自己组装的 MOVPE 装置 1 号机示意图

首先是起着控制温度的重要作用的感应线圈要自己绕制。线圈的外径约 62 毫米,很巧,与啤酒瓶的外径正好一样。于是,我们便使用煤气喷灯加热铜管,在啤酒瓶或药瓶上绕起来,结果还绕得挺漂亮的。

给线圈输送高频电流的振荡器,我们是利用赤崎研究室成立前西永颂老师的团队所使用的器件。而将反应管抽成真空的真空泵用的不是最新式的,而是皮带传动的旧式机器。后来传动带断了,连旧的机器也不能用了,只能向隔壁材料系的研究室要了一台泵。原料与反应管相连的配管也是自己做的。这个配管的连接是我们的得意之作。设计图纸出来后,只用了 3 个月就把 1 号机做出来了。

开始用自制的装置做实验,原料气体只是在反应管中打转

下面就来聊聊开始用 MOVPE 装置做实验的情况。最重要的是反应管中的晶体生长。

最初制作的装置的反应管内部如图 2.3 所示。供应原料的管道有 3 根,正中央的那根是供应三甲基镓(TMGa)的,两侧的是供应氨气(NH$_3$)和氢气(H$_2$)的。三甲基镓和氨气分别是供应镓和氮的原料,氢气是用来运送原料的运载气体。此外,放置基板的试验材料平台是平的。用这样的装置开始的实验并没有得到很好的效果。晶体未能附着在基板上。

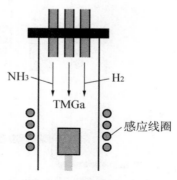

图 2.3 1 号机的反应管

为了寻找原因,我们做了一个实验。实验的原理是大家都知道的烟雾弹的原理,即四氯化钛与水进行反应会放出白色的烟雾来。让这样的反应在反应管中发生,就可以看到原料气体是怎样流动的。

如图 2.4 所示,我们发现,从反应管出来的原料气体在到达基板之前就反弹扬起,一点都没有到达基板上。飞扬起来的原料气体在反应

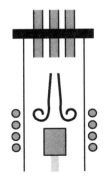

图2.4 反应管里原料气体飞扬起来的状况

管里打转。为何会发生这样的情况呢？原因是蓝宝石基板的温度有1000℃,太高了。热量导致气流飞扬,形成了对流。

为了解决这个问题,我们去请教了名古屋大学毕业、当时在东北大学的坪内和夫老师(现任职于东北大学电气通信研究所)。坪内老师当时正在采用MOVPE法进行氮化铝晶体生长的试验。虽然目标物质不同,但老师的方法有可能会启发我们的思路。

看了坪内老师的实验装置后,发现他的装置与我们的实验装置不同之处,即实验时的压力非常低,原料气体的投入量很大,投入的原料气体的流速很高。我们装置中的原料气体的流速在每秒5厘米左右,而在坪内老师的装置中,原料气体的流速约是我们的10倍。

参观了坪内老师的装置后,我确信实验中"原料气体必须超高速流动!"。返回名古屋大学后,我就想对装置进行改进,但无法做到与坪内老师相同的水平。将装置抽成真空状态,要求真空度达到较高的负压,但我们装置的真空泵十分陈旧,无法达到坪内老师的水平。另外,需要大量投入氢气,不能直接从储气罐提供,要通过叫作"Purifier"的净化器,而我们装置的净化器的流量每分钟只有2升,无法达到坪内老师那样的大流量。

改动原料气体喷口,使气体流速提高 100 倍!

回想一下把生日蛋糕上排列着的蜡烛的火焰吹灭的情形。嘴巴的形状是怎么样的? 是大大地张开"哈"一下,还是抿得很小地"呼"一下呢? 肯定是把嘴抿得很小吹灭蜡烛的人居多。用这种方法,在同等肺活量的情况下,吹出气体的流速较大。我想用这样的方法来改良装置。没有办法改变原料气体的流量,就试试将投放原料的管道改得细一点,以能将气体集中于一点吹出的方法。

如图 2.5 那样,我改装了装置。主要改变的地方有 3 处:投放原料的管道数目、原料气体吹出口的高度、放置基板的实验材料平台的倾斜度。第一个改变的地方是"把原料流量管改为一根"。原来的装置是 3 种气体分别通过管道吹入反应管,现在将 3 根管道改为一根细管道。这样原料气体的流速从每秒 5 厘米提高到了每秒 500 厘米,提升为 3 位数。

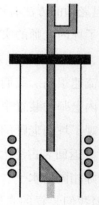

1. 原料气体投放管道改细,只用一根
2. 原料气体吹出口靠近基板
3. 将放置基板的实验材料平台切削成斜的

图 2.5 改良后的 1 号机反应管

第二个改变的地方是"将原料气体吹出口伸到接近于基板的位置"。最大限度地接近基板,在离开 5 毫米至 10 毫米之间调整并进行实验。一般可能认为越近越能使原料吹到基板上,但实际上过分近也是不行的。

提供镓的原料三甲基镓,顾名思义有3个甲基紧挨着镓原子(图2.6)。这种三甲基镓气体接近加热到1000℃的基板时,会发生反应,甲基分离留下镓原子,这样就会附着在基板上形成氮化镓晶体。但如果原料气体的吹出口过分接近基板,甲基就会混入晶体中,形成的晶体是黑色的。相反地原料吹出口离基板过远,就会产生前面提到的因对流而气体飞扬起来的情况。多次试验后得出结论:管道的吹出口离基板5毫米较好。

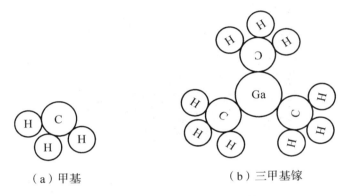

（a）甲基　　　　　　　（b）三甲基镓

图 2.6　原料三甲基镓与甲基的构造

第三个改变的地方是"将放置基板的实验材料平台倾斜过来"。实验材料平台原本是平放的,气体不能很好地流动,却会因对流飞扬起来。为使气体能很好地流动起来,我们决定将实验材料平台加工成斜面。我们自己用钻石切割机来切削。一点点地切削,改变平台的角度,作了许多次尝试。

如果只考虑原料气体的流动,则平台角度越陡,气体的流动状况越好,但实际上并没有那么简单。做实验时,将反应管内部抽成真空,然后将原料气体吹出来。安装基板的实验材料平台角度过陡,运载气体就会"嘭"地一下子大量涌入,把价格昂贵的蓝宝石基板吹得飞起来。蓝宝石基板并不是粘合在实验材料平台上的,而是直接放在平台上的,所以很容易被吹得飞起来。虽然角度越陡,气体流动的状态越好,但还是要选择一个不至于把基板吹得飞起来的恰当角度。必须通过反复的实验来寻找答案。仅为达到这个目的,我们就做了几十次实验。

这样反复改良后,原来因对流而飞扬起来的原料气体终于附着到了基板上。最初,附着在基板上的晶体还只是像大海中的小岛般星星点点的,反复实验后,岛与岛之间逐渐连接了起来(图2.7)。不过这时的晶体,表面还是七高八低、凹凸不平的状态。

图2.7 用扫描型电子显微镜观察到的晶体表面

(照片提供:名古屋大学赤崎纪念研究馆)

气体经常泄漏,找漏往往要花一天时间

就这样,我们使用自己制作的装置开始了实验。在实验开始前也遇到了许多困难。最困难的一个问题就是抽成真空的装置的气体泄漏。有泄漏的话,晶体就无法生长了。由于是自制的装置,平均一周里总要发生一次漏气事故。为了找到漏气的部位,我们往往要花掉一整天的时间。

遇到漏气情况时,我们就用"盖斯勒管"检查装置的泄漏部位。将盖斯勒管抽成真空并施加高电压后,如图2.8所示,就会形成放电的光束。管中有空气进入就会发出淡淡的紫色光,有酒精气体进入就会发出白色光。查漏就是利用盖斯勒管中的颜色变化来判断是否有泄漏。在看上去像是泄漏的部位涂上酒精。如果这地方是在泄漏,酒精气体就会进入盖斯勒管中,放电的光就会呈白色。装置外侧的泄漏,一般用

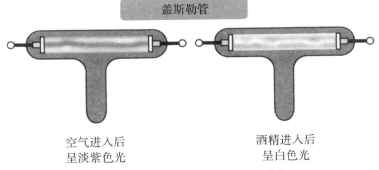

盖斯勒管

空气进入后
呈淡紫色光

酒精进入后
呈白色光

图2.8 能看到放电光束的"盖斯勒管"

这种方法能很容易地找到,但有时并非如此简单。

测量基板附近的温度,我们用的是"热电偶温度计"。热电偶是用两种不同的金属制作的导线连接起来的电路,在金属的两个接触点上如有温度差,就会产生电压,根据测出的电压,就能推算出温度来(图2.9)。热电偶上用的是铂和铂铑两种金属,而这两种金属是分解石英的触媒。因此,使用热电偶时,就会发现由石英制成的反应管出现了问题。而热电偶附近的石英管如果泄漏,位置是在反应管内部,无法涂酒精检查。

金属A

热(要测温度的位置)

金属B

冷

图2.9 热电偶的结构

这种情况下,如果觉得热电偶有点不对劲,首先采取的方法还是全面检查装置的外侧。只有当检查后还是一无所获时,才会想到可能是热电偶的位置有问题。这就像用排除法推算出真正的犯人那样。但如果真是石英管内部漏了,就只能将反应管整个换了。这时就又要再次请求前面出场过的桥本老师的援助了。

"呼!"反应管破裂,"嘣!"基板飞了出来

实验中碰到的困难还有很多。

比如说罩住晶体生长核心部位的反应管在反复进行多次试验后,石英制成的反应管内侧表面晶体堆积了起来。由于晶体嵌入了石英表面,很难去掉,要使用氟酸将石英溶解了才能去除。大概每做 5 次试验就要清洗一次。这样反应管就逐渐变薄,一不小心,就会"啪!"地一下子裂开来。这样就不能再做实验了。这时,又是桥本老师伸出了援助之手。反应管是消耗品,经常会破裂。没有桥本老师的帮助,试验是做不下去的。对此我们心中是感激不尽的。

反应管一点点变薄后还会产生其他不良影响。比如,反应管上端被裁切后变得不平整了,设置在其上的原料气体管道的出口方向会有微小的偏差(图 2.10)。原料气体吹出口的位置有微小变化后,气体就会偏离至基板之外,这样会很麻烦。

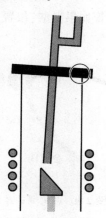

图 2.10 反应管裁切后,管道的方向倾斜了

另外,投放原料气体时也要非常小心。前面提到过,将装置抽成真空后,高速释放运载气体,基板就会飞起来。我们使用"流量计"来调

节气体的流量。调节控制旋钮时必须掌握好分寸。实验中把脸凑近基板附近,一边在心里祈祷着基板不要飞起来,一边小心翼翼地转动旋钮调节。

刚开始实验还不习惯,平台的倾斜角度即使很小,上面放置的基板还是会飞起来。一旦发生这种情况,实验前所有的准备就都付之东流了。要拆开装置,取出基板,用超声波清洗,将清洗后的基板再度放置到试验材料平台上,并将反应管抽成真空。所有这些都要从头开始重新做。如果没有发现泄漏的话,准备工作一小时左右就能完成,一旦发现了泄漏,就一定要找出泄漏的部位,结果常常要花上整整一天的时间。

自制超外差收音机、业余无线通信,小时候就开始喜欢玩装置

组装实验装置时遇到的麻烦事还真不少。能把这些麻烦事做下来,也许是我中学时代的经历在起作用。中学时,我曾组装过超外差收音机,是那种使用 5 个真空管的超外差收音机。那时,我还因为不小心在通电的状态下焊电路,"啪!"地被狠狠地电击了一下。因为是一个人在家时做的事,我从来没有对家里人谈起过这桩触电事故。

进中学后不久,我就加入了业余无线通信小组。让家里给买了松下(当时叫 National,现在的 Panasonic)的通信设备,玩业余无线通信。因为家附近弄业余无线通信的人不少,一下子交了许多朋友。现在玩这种东西的都是叔叔辈的人,小孩子都不再玩这种玩意了,当时却十分流行。小学时我还拆过电风扇,很想知道内部到底是怎么样的。由于之后我又好好地装回了原来的样子,才没遭责骂。

关键在于制作出"高纯度的晶体"

晶体是如何生长的? 如何让晶体最初的"核"形成?

前一节谈到为制作氮化镓晶体,如何不断地改良 MOVPE 装置 1

号机的情况。最初,原料气体因对流飞扬起来,只能形成星星点点的像稀疏小岛般的晶体。后来,加快了原料气体流速,氮和镓的原料到了基板上,岛状的晶体渐渐地连接了起来,但生成的晶体表面十分粗糙。怎样才能生长出将原料整齐地排列起来的高品质晶体呢? 首先需要详细地考察一下"基板上的晶体是怎样生长起来的"。

我们将形成晶体的一个原子看作立方体状物体。基板是立方体按规则排列、无限宽阔而平坦的板状物。基板上原料的原子交错飞舞。这时,交错飞舞的一个原子到达了基板的表面。因基板被加热,这个原子接受了热能在基板表面旋转运动。经过一定时间,原子又离开基板飞了出去。

这样,在基板表面,原料原子反复经历"附着""旋转""飞离"等一连串的运动(图2.11)。在基板表面回旋运动的原子,偶然间会与邻近原子结合。这两个原子在一段时间里会以结合的状态在某个位置上稳定下来,经过一定时间,原子因热能会再次分开,飞旋起来。但如果在这两个原子停下的一段时间里,其他的原子与之相结合,之后又有其他的原子再与之结合,使块状物增大到一定程度,原料的原子就能比较稳定地与基板的原子结合起来。这样的使晶体生长变大的基础的原子集合称为"核",是晶体的"婴儿状态"。

晶体像梯田一样成长起来

接下来看一下晶体核的生长状态。基板上的晶体排列得很整齐,很像农村里常见的风景。读者们是否见过山地斜坡上的"梯田"(图2.12)? 那种种植水稻的水田,其边缘与下一层有一段不那么大的上下落差。下一层又是平坦的水田。喜欢照相的人会情不自禁地将镜头对准这样的风景。

晶体生长时也会形成梯田般的形状,如图2.13所示。同一层原子平坦排列成一片区域,隔一点时间,原子会在其上又形成一层,出现台阶,这一层原子的排列又平坦地展开来。这种上下落差称为"台阶",

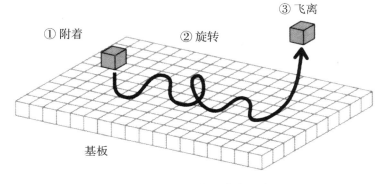

（a）原料原子的一连串运动

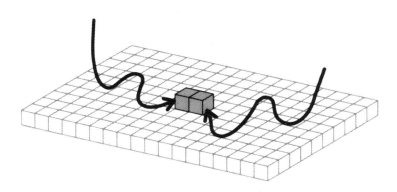

（b）旋转时，两个原子有时会结合在一起

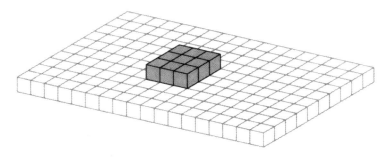

（c）形成晶体生长基础的原子集合："核"

图2.11 晶体在基板上的生长

图2.12 梯田

平坦的整个一片称为"台面",在"台阶"上,原子附着后形成的隅角称为"扭折"。

问各位读者一个问题,进一家空荡荡的餐馆用餐,你会选择什么座位坐下? 有三种选择:①餐厅深处角落里的座位,②靠近墙壁的座位,③餐厅正中的座位。也许大多数人会觉得在墙壁围绕着的狭小场所里的座位干扰比较少,安静而舒适。

晶体生长也是一样的,原子附着的点,2个比1个,3个比2个更能稳定地附着。用前面提到的块状物的例子来说,能与方块上更多的面接触的位置更容易稳定地附着。再看一下图2.13。在台面上附着的原子只有一个面接触。而在台阶上附着就有两个面,在扭折上附着则有三个面。一般而言,原子的附着,与台面相比,台阶更容易;与台阶相比,扭折更容易。

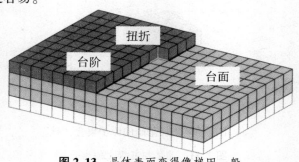

图2.13 晶体表面变得像梯田一般

那么,在这种阶梯式形状的晶体表面,原料的原子是如何运动的呢?首先考虑一下与台阶隔着一定距离在台面上附着的原子的情况。这种情况与前面所说的基板表面的情况一样,原子接受热能后会回旋运动起来,隔了一段时间就会飞出去(图2.14A)。

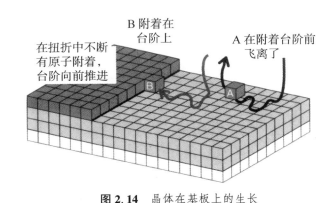

图 2.14 晶体在基板上的生长

接下来考虑一下在邻近台阶的台面上附着的情况。这种情况下,原子回旋移动时会碰到台阶的上下落差处(图2.14B)。在台阶处会稳定一段时间,但隔了一段时间,会再次离开,飞离出去。但别的原子在扭折里不断地附着的话,它们就会稳定下来,台阶上的原子就进入了晶体排列中。这样不断附着,台阶的上下落差会向前推进,原子也一层层地整齐地堆积起来,就能形成高品质的晶体了。

像海上的小岛般散落在基板上的是晶体的"核"

接下来,考察一下在实际的 MOVPE 装置的基板上,氮化镓晶体是怎样生成的。

图 2.15 是将反应管中的蓝宝石基板表面放大后看到的情景。再复习一下原料的内容,镓原子的原料是结合着 3 个甲基(–CH₃)的三甲基镓(TMGa),氮原子的原料是氨气(NH₃)。原料气体接近基板后发生化学反应后分解,镓原子和氮原子附着在基板上。由化学反应的分

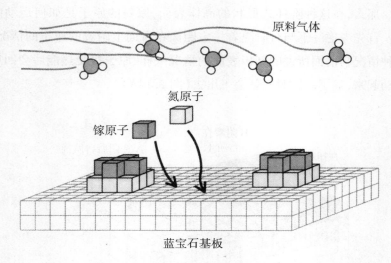

原料气体

氮原子

镓原子

蓝宝石基板

图 2.15　蓝宝石基板表面发生的情况

解产生的不需要的原子被排除。

　　附着在基板上的原料的原子，如前面所说的，在反复的"附着""旋转""飞离"的过程中，晶体的核形成并逐渐地生长变大。前节谈到，一开始原料气体因对流无法到达基板上，只能形成"星星点点的像稀疏的小岛般的"晶体，这种岛状晶体就是"核"。

　　此后，提高了原料气体的流速，使原料能到达基板上后，"岛与岛之间连接了起来，但表面是七高八低、凹凸不平的"，这是"核"生长变大后的状态。原料能在台阶处附着，原子一层层地堆积形成排列整齐的晶体，是一种非常理想化的模式。为何前面的实验中生成的氮化镓晶体的表面总是七高八低、凹凸不平的呢？

晶体表面为何凹凸不平？

　　回忆一下第 1 章中所作的乐高积木的比喻。如果基板上方块的凹凸与其上堆积起来的方块的凹凸间隔有差异的话，积木就不能很好地嵌入。勉强塞进去，积木也许就会撑坏了。

晶体生长时也会发生同样的情况。基板上晶体原子的间隔与其上堆积生长起来的晶体原子的间隔如有差异，扭曲便会一点点增大，原子便很难结合起来了。这种原子间隔差异的数值称为"晶格失配度"（mismatch，后文简称"失配度"），差异大小对于晶体的性质有很大的影响。

首先，为测量氮化镓原子的间隔，先观察一下晶体的结构。图2.16 是氮化镓晶体的结构。这样的六角形柱体是基本的块状，这种结构不断重复，原子按规则整齐地排列起来。这样的晶体基本单元就叫作"晶格"。

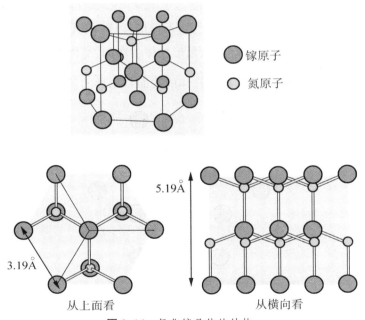

镓原子

氮原子

5.19Å

3.19Å

从上面看 从横向看

图 2.16 氮化镓晶体的结构

用 X 射线照射晶体，碰到原子后会散射，特定方向上的 X 射线有的会增强，有的会衰弱，形成一种"衍射"现象。观测衍射的光的强度，就能求得原子间的间隔。通过测定照射氮化镓晶体的 X 射线的衍射，我们得到镓原子与氮原子的距离约为 1.95Å。1Å 是 1 毫米的 1000 万分之一。六角形柱体底面的单边长为 3.19Å,六角形柱体的高度为 5.19Å。

能否制作出高品质的晶体,与生长方向的面的结构关系紧密。我在用 MOVPE 装置做高品质氮化镓晶体生长实验时,如图 2.16 所示,晶体是在六角形柱体向上的方向上生长的。也就是说,六角形柱体上部六角形的结构影响很大,单边长 3.19Å 这个数值十分重要。

再来观察一下用作基板的蓝宝石晶体的结构。蓝宝石即是氧化铝(α-Al_2O_3),即晶体中铝与氧的原子按规则整齐地排列起来。蓝宝石的晶格与氮化镓的晶格相同,也是六角形柱体,但其结构稍许有些复杂。图 2.17 是蓝宝石晶格的六角形柱体的底面,晶体的基本单位非常大。而我们十分在意的六角形柱体的底面六角形的单边长是 4.76Å。

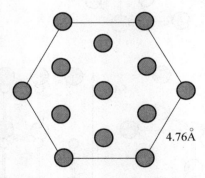

图 2.17 蓝宝石的晶体晶格的六角形柱体底面

把氮化镓晶格的六角形与蓝宝石晶格的六角形重叠起来会看到什么情况?如图 2.18 所示,六角形的形状没有完全重合。从原子离得最近的角度看,顶点要偏差 30 度。按图 2.18 比较氮化镓与蓝宝石的原子间隔间的长度。氮化镓的原子间隔长度,与前面提到的六角形单边长度一致:3.19Å。而蓝宝石原子间隔,重新计算后则为 2.75Å。

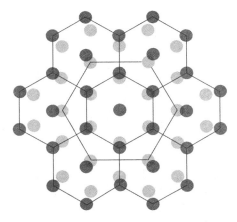

● 氮化镓的原子间隔长度（3.19Å）

● 蓝宝石基板的原子间隔长度（2.75Å）

图2.18 氮化镓与蓝宝石的晶格重叠可发现错开30度

重叠起来看，一眼就能看出原子间有差异。经计算，显示原子间隔差异的晶格失配度为16%左右。这对制作高品质晶体来说是非常大的偏差，十分麻烦的问题。氮化镓与蓝宝石原子的间隔差异，即晶格失配度较高，导致出现了"晶体的岛与岛之间连接起来后，表面七高八低、凹凸不平"的现象。

失配度的高低决定"核"成长的类型

失配度较高的话会对晶体生长产生多大影响？以块状堆积为例来考察一下。

首先，当失配度较低时，如图2.19a所示，基板与其上生长的晶体像没有分界线一样整齐地堆积起来。而当失配度较高时，如图2.19b所示，扭曲就会增大，会出现无法很好地堆积起来的称作"位错"的缺陷。位错的缺陷多了，就不能制作出高品质的晶体。因失配度的影响，晶体的核在实际生长过程中主要会出现三种情况。

第一种是"失配度较低的情况"（图2.20a）。如果在基板表面能形

（a）失配度低的情况

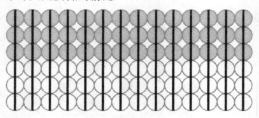

（b）失配度高的情况

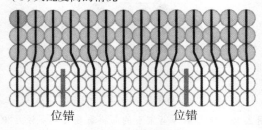

位错　　　　　　　位错

图 2.19　失配度很高就出现位错

成晶体的核的话,在与基板平行的方向上晶体就会生长起来,原子就会一层层整齐地堆积重叠起来。就像前面提到的梯田一样,在台阶的上下落差位置上原料的原子附着后会整齐地排列生长起来。

第二种是"失配度较高的情况"(图2.20b)。一开始也像第一种情况一样,原子一层层地生长起来,但不久就产生了较大的扭曲,难以在与基板平行的方向上再生长,而是向与基板垂直的方向上生长了。

第三种是"失配度很高的情况"(图2.20c)。扭曲会非常大,原子无法一层层地整齐堆积,从一开始就出现了向与基板垂直的方向上生长的情况。

而在蓝宝石基板上让氮化镓晶体生长的情况,失配度有16%,非常高,晶体核的生长就像第三种情况,即晶体的核各自向与基板垂直的方向生长,形成大量的小岛及岛与岛之间连接的晶体(图2.21)。

这样的小岛各自生长、变大的情况不是一种理想的情况。在实际实验中,让这样的小岛大量产生并使其生长后,情况如图2.22所示。

（a）失配度低的情况　　　　　　　　　　　　生长的晶体

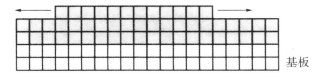

基板

（b）失配度较高的情况

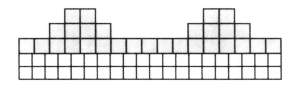

（c）失配度很高的情况

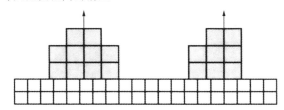

图 2.20　晶体核形成的三种类型

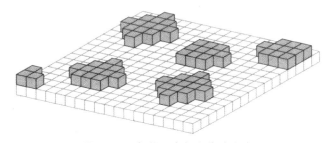

图 2.21　出现很多氮化镓的小岛

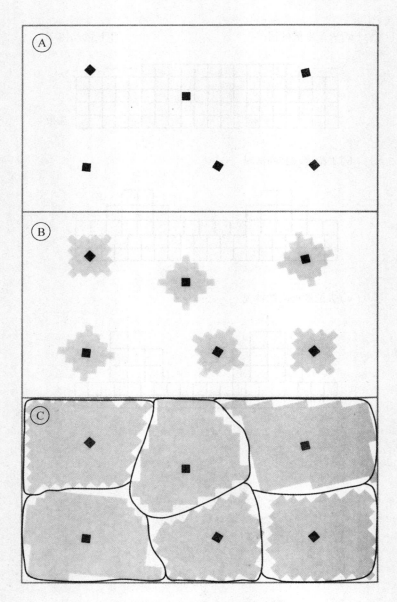

图 2. 22 晶体核生长方向各不相同

最初,基板上像 A 那样,形成晶体的核。这些核各自顺利地变大,经过 B 的状态,变大到 C 那样的状态。岛与岛之间的分界线无法清晰地连接起来。因为最初核的生长方向就是各不相同的,这样变大后,岛屿整体的方向交错,无法很好地连接起来。

另外,不仅是岛的生长方向不同,其倾斜角度也不一样。如图 2.23 所示,从横向观察晶体,有与基板垂直延伸的,也有像比萨斜塔那样稍稍倾斜延伸的。倾斜角度各个岛各不相同。因此,晶体的表面就变得凹凸不平。顺便提一下,这样的晶体朝一个方向生长的岛叫作"晶粒",而岛的分界线叫作"晶界"。晶界会妨碍电子及空穴在晶体中的移动,晶界越多,LED 的发光效率就越差。

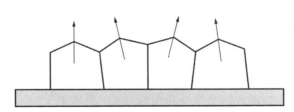

图 2.23　晶体核的倾斜角度各不相同

对着"毛玻璃"般的晶体一筹莫展

实验中使用的蓝宝石基板原本被磨得闪闪发光,看上去完全是无色透明的,但晶体生长实验后,上面附着了许多岛,变得凹凸不平,光在表面乱反射,看上去像"毛玻璃"一样白白的。因为反应管是透明的,透过反应管看里面,在实验过程中就可以知道情况如何。实验失败时,基板表面的光泽便消失了,一看就知道实验结果是好的晶体还是不好的晶体。我们经常看着实验的情况,嘴里会说:"唉!还是差劲",做了 10 分钟就会宣布:"收场啰!"

一提到赤崎老师对我说过的话,我就会想起那句:"你制作的晶体总是像毛玻璃一样的。"两三个月召开一次的报告会上,我们勉强把做出来的晶体展示出来,赤崎老师总是这样说。那段时间我一直是上午10点左右到研究室,开始为实验作准备,然后一直做实验到半夜,多的时候要做五六次实验。一次实验持续1—3小时,离开研究室的时候已经是第二天了。看着实验做出来的像毛玻璃一样的晶体,我沮丧地垂下了肩膀,骑上轻便摩托车回宿舍去。每天重复着这样的生活,遇到周六周日实验反而做得更起劲。

硕士二年级的夏天,实验并未出现什么转机,赤崎老师对我说"你留下来读博吧"。那时我心中十分疑惑:"这样能写出论文来吗?""真的能通过博士课程吗?"我带着茫然和不安继续着实验。对自己来说,这样继续求学生涯不是很妙。学费无着落,生活费也不知道从哪里来,但继续做实验是件很快乐的事。脑海里经常有"还什么都没做出来,就看这下一步了"的想法。

想起学长的实验经验谈,豁然领悟:插入另一种晶体

不怎么好的状态持续了一段时间,转机突然来了。在做实验的时候,我突然想起了当时赤崎研究室的副教授泽木宣彦老师(现在任职于爱知工业大学)一年前说过的话。是关于研究室的前辈以前做过的实验的事。

当时,学长们要在硅基板上制作磷化硼(BP)的晶体。这两种物质的晶格失配度也很高,一直做不出高品质的晶体。但在磷化硼晶体生长前,先投入磷原子的原料,结果生长出了高品质的晶体。也许是磷的核先附着了,以这个核为起点,磷化硼在与基板平行的方向上横向延伸开来了。实验中我偶然间想起了这些话。

于是,我想尝试一下同样的方法,即"在蓝宝石基板与氮化镓晶体之间插入别的晶体"。插入什么晶体呢?我想到了"氮化铝"。当时一起做实验的小出学长在做氮化铝,他做的氮化铝晶体要比我做的氮化镓表面平坦。我们设想在基板上稍稍附着一些氮化铝,这样形成核以后氮化镓晶体就能在与基板平行的方向上横向延伸,形成比较平坦的晶体了。

但氮化铝与蓝宝石的失配度也很高，晶体核的方向会逐渐出现偏差。因此，在基板上附着的核的数量如果过多，晶体生长时与相邻的核生长出的晶体相遇的距离很短，会造成缺陷很多的晶体（图2.24a）。但核附着得少一点，核与核之间的距离大一点，晶体生长就比较大（图2.24b）。

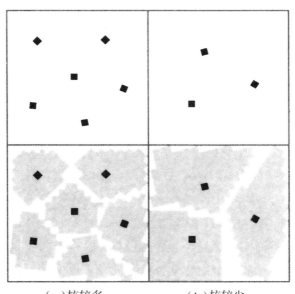

（a）核较多　　　　　　　（b）核较少

图 2.24　晶体核较多，晶粒就变少了

下一步是决定夹在其中的氮化铝晶体生长的温度。制作氮化铝时，提高生成炉的温度可以制作出高品质的晶体，从小出学长的实验那里可以得到不少现成的经验。但我想到的却是把温度降下来些，制作品质不太高的晶体。其理由是，氮化铝与氮化镓之间的原子间隔多少也存在着一些失配度。如果让高品质的氮化铝生长，与蓝宝石基板一样失配度会很高，就会使在其上生长起来的氮化镓产生缺陷。夹一些品质不太高的晶体，可以缓和晶体的扭曲。

　　这样,在实验中硬是把生成炉的温度降下来。要使晶体核附着得少一点,较低的温度不是就可以了吗?温度好像是降到了 500℃ 到 600℃ 之间,记不起确切的温度了。那时,自己就在想,"大概就是这个程度吧",适当地定了一个温度。这种为缓和较高的失配度在低温下生长的晶体层叫作"低温缓冲层"。

　　那段时间,实验里做出来的一直是像毛玻璃那样的晶体。这次同样地对结果没抱什么希望。尝试得再多,最后也只能制作出很差的晶体,我想这次恐怕还是不行的吧? 当时,我感觉十分疲劳,看到在生长的晶体都有一种厌恶之感了。

　　还记得那天傍晚,把反应管卸下来,用钳子夹住基板从反应管里取出来时,看到的是无色透明的状态。乍一看与实验开始前的蓝宝石基板完全一样。啊呀! 是忘了加原料吗? 检查一下调节原料流量的阀门,是开着的。感觉奇怪,拿到显微镜下看了一下,平滑的表面上什么也没看到,但在角落里看到了一点六角形的晶体。"啊! 晶体附着上了!"

　　我急急忙忙地把基板拿到赤崎老师那边。确实是迄今为止从未见过的很漂亮的晶体,我想老师会很高兴吧。但赤崎老师冷静地说:"只是漂亮是不够的,查一下内在是否确实很好。"也就是说要做晶体评价实验,确认是否真是高品质的晶体。老师的反应十分冷静,我兴奋起来的情绪一下子变得十分低落。

插入"低温缓冲层"为何能形成纯度高的晶体?

　　我们详细回顾一下实验过程吧。首先,比较一下夹着氮化铝"低温缓冲层"的晶体与没有夹氮化铝的晶体的断面。

　　如图 2.25 所示。a 是夹着低温缓冲层的晶体断面,b 是没有夹低温缓冲层的晶体断面,是用透射式电子显微镜拍摄的照片。请大家好好比较一下这两张照片。与照片 a 中生长起来的氮化镓晶体很整齐地堆积起来的情况相比,照片 b 中有很多"黑线"。这种黑线实际就是称

（a）夹着低温缓冲层的晶体断面

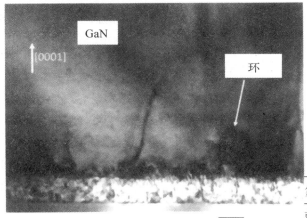

氮化铝缓冲层

蓝宝石

（b）没有夹低温缓冲层的晶体断面

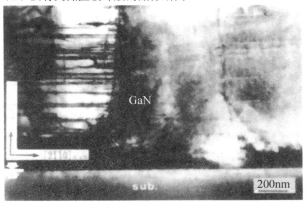

图 2.25 有无低温缓冲层晶体断面的比较

［照片 a：《外延生长的前沿》（共立出版）

照片 b：名古屋大学赤崎纪念研究馆提供］

作"位错"的缺陷。越是歪歪扭扭的黑线,就表示扭曲程度越是大,晶体的性质越是差。

再仔细地观察一下夹着低温缓冲层的晶体。最下面的是蓝宝石基板,其上白色的部分是氮化铝的低温缓冲层。厚度约 100 纳米。再上面是氮化镓,在与低温缓冲层分界的附近有很多黑线,这是缺陷集中的层面。再往上,反映晶体缺陷的黑线变少了,晶体的品质提高了。即,夹入低温缓冲层后,一开始会出现缺陷较多的晶体,再生长一段时间后,缺陷会变少,形成高品质的晶体。

为何夹入低温缓冲层后,就能生长出高品质的晶体呢?实验前的设想是"核附着得少一点,晶粒应该能长大一点",想到了用夹入低温缓冲层的方法。但实际上,晶体是怎样生长起来的呢?我们来详细考察一下。

这次看一下图 2.26。首先来看图 a,在大约 500℃ 的低温状态下,让氮化铝生长,出现了小的晶体大量集中的状态。一个个晶体自由零乱地朝各自的方向延伸。

此后,为使氮化镓生长,将基板附近的温度提升到 1000℃。于是,之前向各个方向生长的小的晶体,在某种程度向上的方向上形成整齐的柱状晶体(图 b)。一根柱状晶体直径约数十纳米。从表面看基本上是平坦的,但仔细看还是像比萨斜塔那样,稍有一点倾斜。

再以后,氮化镓晶体堆积起来。氮化镓跟着底下的氮化铝柱状晶体的朝向,向晶体柱延伸的方向生长。于是,稍有微小倾斜的比萨斜塔式的晶体,碰上了垂直向上生长的晶体,见图 c。结果只留下垂直向上方向的晶体排列整齐地向横方向延伸生长起来了,见图 d。

这样让晶体生长起来后,汇集了直径从 100 纳米到 10 000 纳米的晶体,最后形成了高品质晶体(图 e)。这样的晶体生长,在与低温缓冲层的分界线处缺陷较多,随着晶体的不断生长,向上方向汇集的晶体被留下来了,其结果是晶体生长得很大,得到了高品质的晶体。

氮化铝

（a）在蓝宝石基板上500℃时氮化铝的堆积

（b）提高到1000℃时晶体方向向上排齐

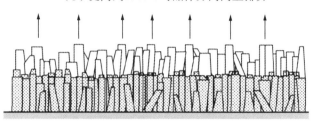

氮化镓

（c）氮化镓生长后，容易保留垂直延伸的晶体

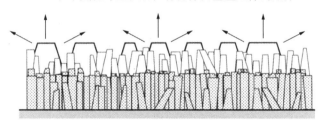

（d）留下的垂直延伸的晶体，横向扩展

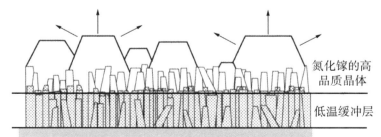

氮化镓的高品质晶体

低温缓冲层

（e）越是向上生长，位错越是少，能形成大的晶体

图2.26 夹入低温缓冲层后能形成高品质晶体

"这是世界上最漂亮的晶体"

正如把晶体给赤崎老师看时他所说的,晶体的好坏仅凭肉眼是无法判断的,下面就来介绍一下评价晶体品质的实验。

确认晶体中的原子是怎样整齐地排列的方法是前面说到过的"X射线衍射法"。使用 X 射线从各个方向照射要检查的晶体,测定晶体反射光的强度(图 2.27)。晶体原子的排列越是整齐,只有在某个特定角度上用 X 射线对其照射,反射回来的 X 射线的强度才会非常高。

以横轴为晶体转动的角度,纵轴为反射回来的 X 射线强度作一幅图,可以发现,原子排列得不整齐、品质不好的晶体,反射回来的 X 射线的强度峰值不高而幅度较宽;原子整齐排列的高品质晶体,峰值较高,幅度较窄。图线中以峰值一半的强度对应的幅度称作"半值幅"。

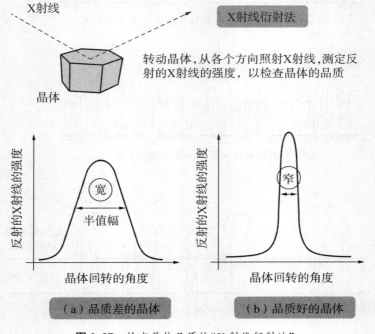

图 2.27　检查晶体品质的"X 射线衍射法"

原子排列越是整齐的高品质晶体,峰值越尖锐,半值幅越窄

半值幅越窄表明晶体的品质越好。

晶体 X 射线测定方法是大阪府立大学（当时）的伊藤进夫老师指导我们的。制作出晶体后过了一个星期，我们便迫不及待地拿着实物去大阪找伊藤老师了。

伊藤老师是 X 射线晶体评价的研究者，经常作氮化镓的评价。当时所得到的评价结果都是半值幅很宽的晶体。也就是说几乎没有好的晶体。伊藤老师认为在蓝宝石基板上做氮化镓晶体生长实验，由于失配度过高，是无法形成高品质晶体的。因为伊藤老师是这方面的权威，得到他的评价是很重要的。

图 2.28 是实际的实验结果，半值幅的角度是"90 角秒"。大家熟悉的角度单位是"度"，1 度的 1/60 是"1 角分"，1 角分的 1/60 是"1 角秒"。此前的氮化镓晶体的半值幅是在 400 到 500 角秒间，因此可以说，我们做的晶体，品质的确很好。伊藤老师说"这是世界上最好的晶体"，建议我们及早取得专利撰写论文。原来我一直在担心，看上去很漂亮的晶体，如果 X 射线评价不行该怎么办呢？知道了这个结果后，才相信我们确实制作出了高品质晶体！

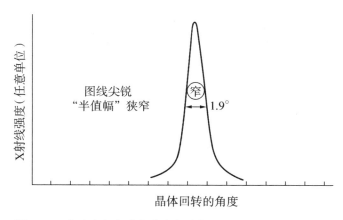

图 2.28 大阪府立大学伊藤老师对氮化镓晶体的 X 射线评价

当代科普名著·点亮21世纪

实验超过 1500 次，新年第二天就开始工作

结果出来以后，没有时间高兴，就急急地要尽早把论文撰写出来。实验后隔了一年，1986 年 2 月终于写出了论文。

提交论文期间，也撰写了专利申请书。本来，申请时，专利的申请范围扩大一些对今后有好处，当时为了能通过专利申请，将申请范围尽可能地收窄了，仅包括实验结果一项，即只申请了"氮化铝低温缓冲层"一项专利。当时由于还是学生的原因，我没有列入发明者的名单，以大学的名义申请了专利，得到了批准。但后来德岛县的 LED 厂家——日亚化学工业的研究者提出了"仅排除氮化铝，氮化铝和氮化镓混合所有晶体的低温缓冲层"的专利申请，并得到了批准。

好不容易走到低温缓冲层这一步是在硕士课程二年级的 2 月份。从本科四年级开始积累的实验次数超过了 1500 次。结果非常不好的实验连实验笔记也没留下来，因此实际的实验次数是要超过 1500 次的。

那时，连周六周日也不休息，从早到晚都在做实验。休息的日子只有元旦一天。我所在的大学离静冈县浜松市的老家有 100 千米左右的路程，骑轻型摩托车花 3 小时左右才能到家。但新年第二天，我就又回到大学做实验了。那时真的是全身心都扑在实验里了。对电影呀、保龄球呀，当时同龄人玩的东西都没什么兴趣，只有做实验一根筋。做实验很快乐，因此也感觉十分幸福。

当时的赤崎研究室是完全自由的。能以自己的想法、自己的方式改装装置做实验的环境，很合自己的口味。如果要接受别人这样那样的指示，产生了抵触情绪，我当时也许会去做别的事情。

第 3 章

世界最初的蓝光 LED：
迎来固体照明的新时代

　　第 1 章的最后，关于为何制作蓝光 LED 很难、实现实用化很花时间的原因，我作了以下的说明："很难稳定地制作出高品质的晶体，也很难制作出 p 型半导体"。第 2 章谈了在蓝宝石基板和氮化镓之间以低温条件使氮化铝生长从而在其间生成"低温缓冲层"，使高品质的氮化镓晶体得以生长起来的实验。由于发明了这项技术，终于达到了稳定制作高品质晶体的目标。

　　要制作出蓝光 LED，下一个目标就是"制作出氮化镓的 p 型半导体"。本章想在这样的前提下，聊聊世界上最早的蓝光 LED 是如何开发出来的、如何提高 LED 的亮度以及如何实现激光的实用化等几项研究。

挑战最大的障碍：p 型半导体

"p 型做不出来"？ 不可能！

　　首先，从挑战制作 p 型半导体的话题开始。

所谓 p 型半导体,就是把原子最外层电子缺一个的"受主杂质",掺入晶体后形成的材料。p 型半导体的晶体里,在本来有电子的地方,形成了大量带正电的、有着空位性质的"空穴"。

制作氮化镓晶体的氮与镓的原子的最外层电子数量,氮是 5 个,镓是 3 个,一共 8 个电子。最初,掺入的杂质是"锌"。锌的最外层有 2 个电子。即将镓原子替换成锌原子,晶体中就掺入了空穴,就能制作出 p 型半导体(图 3.1)。

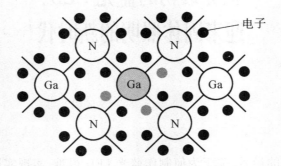

电子

（a）掺入锌原子后......

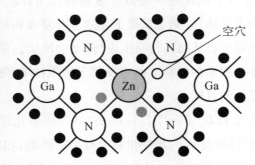

空穴

（b）锌原子的最外层只有2个电子
电子不足形成了空穴

图 3.1　氮化镓晶体中掺入锌原子

但是,当时有论文认为"p 型半导体是做不出来的"。论文的作者庞克夫先生提出的理由是"自我补偿效应"。自我补偿效应的意思是,即便是掺入锌这样的受主杂质形成了空穴,也会产生提供电子的施主,空穴最终会消失。当时,这一观点被视作理所当然,但我无法接受这种"理所当然"的理论,我认为"不可能有这种想当然的情况",一直在考虑如何颠覆这一理论。

应用物理学年会上被列在"其他"类,报告的听众仅一人

下面介绍一下制作氮化镓 p 型半导体晶体时使用的 MOVPE 装置 2 号机。1 号机从设计到组装都是我们自己完成的,但 2 号机是购置的产品,售价大约是 1000 万日元。

图 3.2 是 2 号机的照片与模式图。它与 1 号机的最大差别是"不是竖着放的,而是横着放的"。1 号机中,原料气体从上往下吹向基板使晶体生长,2 号机则是横向把原料气体吹向基板的。横向型的优点在于较易抑制因热量引起的对流。原料气体即使不是大量且高速地流动,也能流动得十分顺畅,给人一种十分平和舒缓的印象。

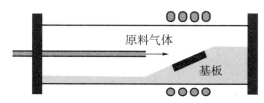

图 3.2 MOVPE 装置 2 号机及其模式图

(照片提供:名古屋大学赤崎纪念研究馆)

原料气体能很好地流动的话,晶体生长的基板面积就可以增大。在 2 号机中,原料气体的流速约为每秒 100 厘米。1 号机的流速约为每秒 500 厘米。也就是说,2 号机的流速是 1 号机的 1/5。当时,硕士课程二年级的学弟鬼头雅弘君(现在任职于名古屋大学)使用这台 2 号机,制作掺入锌的氮化镓晶体,挑战 p 型半导体制作的难关。

抱着"绝对要把 p 型半导体做出来!"的决心,1985 年到 1988 年的 4 年间,我们持续进行着掺入锌的实验,但一直毫无进展。当时,应用物理学会关注的是砷化镓、硒化锌等晶体,对我们从事的氮化镓实验,可以说毫无兴趣。学会开会有约 10 个分会场,氮化镓被列入了"其他晶体"一组里,且报告的时间只有 1/4 个下午。境遇实在可怜!

记得当时是 1987 年,我博士课程二年级时参加的应用物理学会。参加氮化物发表会的只有我们和另一个研究室两个小组。另一个研究室先报告,报告结束后,这个研究室的相关人员都离开了房间。等到我作报告时,房间里只剩 4 个人。其中的 3 位就是赤崎老师、我以及会议主席。纯粹是来聆听会议的听众只有 1 个人。我想可能是不巧没有去处,临时留下来听一下的人吧。我报告后,会议主席问"有问题吗?"当然是没有人举手的,留下来听讲的那位觉得不提问可能有点失礼,提了一个问题。最后,他说了声:"真是很难啊!"

参加 NTT 公司的实习,看到了电子射线的"冷光"

此后,在赤崎老师的推荐下,我参加了企业实习。那一段时间,我几乎完全沉浸在实验当中,老师可能认为这家伙有点太偏了,建议我不要只是待在大学里,也要接触一些社会的气氛,呼吸一些外部的空气。我选择的企业是 NTT。当时 NTT 的研究设备中有赤崎研究室没有的"阴极射线发光"(Cathodoluminescence)实验装置。我也想使用这个装置来做一下实验,因此参加了该企业实习。

阴极射线发光是什么意思呢? 它的英文的后半部分 luminescence 就是光,其实译为"冷光"更正确一点。为什么称其为"冷"光呢? 请各位回想一下,第 1 章中曾提及的 LED 与白炽灯相比效率更高的原因。白炽灯是利用带有热量的物体放出与其温度相应的光——"热辐射"而发光的。

与"热辐射"不同,半导体是如何发光的呢?再请回顾一下用能带图所作的说明。半导体带有充满电子的价电子带与没有电子的导带,这之间的能量差称为带隙。给半导体施加比带隙能量更大的能量,电子就从价电子带移动到导带。但不久"咚!"地又回落到价电子带中。这时就会放出与带隙能量相应的波长的光。这种光不是热辐射发出的光,是不借助热量,直接由电转换为光的,因此称为"冷光"(luminescence)。

Luminescence,是依据给予半导体的能量的方式来确定其名称的。用光照射给予能量而发光的叫作"光致发光"(photoluminescence),以电流的流动给予能量而发光的叫作"电致发光"(Electroluminescence),而以电子射线(高速发射的电子流)照射给予能量而发光的叫作"阴极射线致发光"(Cathodoluminescence)。

阴极射线发光实验是用电子射线照射晶体,考察其发光的情况。由于这种方法能知道晶体所含杂质、缺陷的浓度等情况,所以可以检测晶体的品质。一般来说,晶体的品质越好,发光情况就越好。

实习最后一天的自由实验中看到了鲜艳的"蓝光"

在企业实习中,我一直在做对砷化镓(GaAs)晶体进行电子射线照射,并进而评价其品质的实验。在为期两周的实习时间内,我每日都在反复做着同样的实验,直到最后一天,我才可以自由地使用该装置。

到了那天,我马上将赤崎研究室制作的掺入锌的氮化镓晶体放入装置里,用阴极射线照射,并对晶体品质进行评价。结果出现了非常不可思议的情况。这个装置有一个直径 10 厘米左右的圆形小窗,透过这个小窗可以窥见晶体的状态。用电子射线照射氮化镓晶体后,能看到蓝色的阴极射线光。最初只能看见微弱的光,持续用电子射线照射后,光逐渐变亮了,最后蓝光变得非常强。鲜艳明亮的蓝光映入了我的眼帘,让我激动不已。

我改变电子射线照射的位置,反复进行实验,还测定了光的强度随时间变化的情况。慎重起见,我在别的晶体上也进行了同样的实验。结果也是一样,用电子射线照射后,发光强度增强了。证明这不是特定晶体的情况,而是一般的物理现象,"这肯定没有错!"我当时感到十分兴奋。

为何照射电子射线后,阴极射线的蓝光会增强呢?这个问题直到现在还没有真正搞清楚。可能氢原子附着在掺入的受主杂质上,空穴在晶体中不能移动了。但电子射线照射后,去除了妨碍移动的氢原子,空穴便能够移动了。我将这种不可思议的现象取名为"低能电子束辐照",译成英语是 Low-energy electron beam irradiation,取其中的首字母,缩写为"LEEBI"。但后来才了解到,在我发现这种现象的 5 年前,1983 年,莫斯科大学的研究者已经发现了这一现象。

与最适当的材料命中注定般地相遇

NTT 的企业实习结束,回到研究室后,我遇到了一次研究生涯中命中注定般的相会。我当时在大学当助教,为寻找上课的教材,翻阅了菲利普斯(J. C. Phillips)的《半导体结合论》*。其中有张图映入我的眼帘。图名为"活性化能量",是关于杂质离子化后以活性化为目的的能量。

为制作 p 型半导体,严格来说,只掺入最外层电子少一个的"受主杂质"是不够的,掺入的杂质要拿走一个电子才会在晶体中形成空穴(图3.3)。即受主杂质必须离子化。使杂质离子化所需要的能量就是"活性化能量"。用活性化能量小的杂质,更易发挥受主杂质的功能,更易形成 p 型半导体。

---

* 此书是贝尔实验室的菲尔普斯 1973 年出版的固体物理学研究生入门书,英文原名"Bonds and bands in semiconductors"。日文版信息:《半导体结合论》,J. C. フィリップス著,小松原毅一译,吉冈书店,1976。——译者

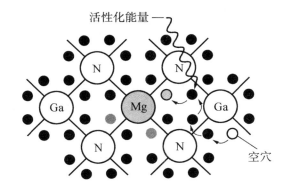

由于接受能量的电子不断移入空穴
空穴移动，形成p型半导体

图3.3　杂质抓住电子,宛如空穴在移动

下面观察一下实际的活性化能量图表(图3.4)。横轴是电子亲合力的乘方之100倍的数值,纵轴是活性化能量的大小。锌的活性化能量约25毫电子伏特。当时的实验中,有种颇有人支持的观点似乎认为:"对氮化镓来说,锌是唯一的受主杂质。"但读了大量论文后,我注意到,其实也有研究者在做掺入"镁"(Mg)的实验。查一下镁的活性化能量,约为13毫电子伏特。可以看出镁的活性化能量比锌小。

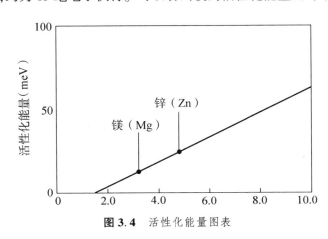

图3.4　活性化能量图表

我确信镁是更好的杂质,便向赤崎老师请求,购买掺入镁所需的原料。镁的原料要约50万日元,很贵,而且因为要进口,从订货到到货整整花了8个月时间。在等待原料的时间里,我阅读了许多论文。当时与氮化镓有关的论文全部加起来也就数百篇,用英语写的论文我全都过目了。用俄语、德语写的论文已译成英语的,我也都读了。

"这样的内容没有意思",只能做一个海报发表

原料抵达之后,我们制作了掺入镁的氮化镓晶体。然后也用电子射线照射,同样发生了用阴极射线照射产生的蓝光增强现象。

这个研究成果在1989年秋天的学会上发表了。那是在轻井泽召开的砷化镓研讨会。学会发表实验情况之前,先要提交一两句的简要介绍,我们提交的内容是"用电子射线照射掺入镁的氮化镓晶体后发现蓝光增强了"。就是所谓的"IEEBI(低能电子束辐照)"的现象。

学会有一个对申请的内容是否应发表作出决定的程序委员会。本来赤崎老师应作为委员出席的,但老师那天时间上不方便,由我代替参加。轮到审查我的论文时,有个委员提出了"这个内容没意思,不应列入发表内容中"的意见,彻底否决了我们的发表申请,我的摘要落选了。当时,学会对有关带隙大的氮化物类材料的发表申请一般是不接受的。

虽然发表申请被否决了,但学会的海报发表有一个项目取消了,出现了一个空位。审查会的委员长提出:"可以自发申请,有想要发表论文的,请举手"。我虽然有点害羞,还是想让自己的论文能放进去,就举手了。

如果没有出现临时取消的情况,我的论文连海报上都不能发表,我还算是运气好的。委员长提出"海报上做个发表还是可以的吧?"他说服了持有反对意见的委员。我内心非常感谢委员长先生。那次会上的经验让我感触很深。只证明发出了蓝光不能说服人,我决心与鬼头君一起,一定要在研讨会发表之前做出p型半导体来。

终于做出了 p 型结！但在日本几乎无人关注

为确认掺入镁后，氮化镓晶体是否形成了 p 型半导体，要做"霍尔效应"实验。

霍尔效应是指对有电流流动的物体施加磁场时出现的现象。如图 3.5 所示，长方体的物体，对其正上方施加磁场，则在箭头指向的方向上有电流。各位读者请回想一下中学时代，还记得左手中指、食指、拇指互成直角，手指的指向代表"电、磁、力"的方向的"弗莱明左手定律"吗？即，给有电流流过的物体施加磁场，其垂直方向上就产生了力。

电流，本质上是带负电的"电子"与带正电的"空穴"的流动。取长方体对着自己的一面为 P 面，与之相对的一面为 Q 面，电子或空穴在 P 面方向上受力，其前进的方向就会发生扭曲。

电流是"电子"的情况下，电子集中于 P 面，使 P 面带上负电性，相反侧的 Q 面则带上正电性，Q 面指向 P 面产生电场（图 3.5a）。这种现象称为霍尔效应。

电流是"空穴"的情况下会怎样呢？这时与电子的情况正好相反，空穴集中在 P 面，使 P 面带上正电性，相反侧的 Q 面带上负电性，P 面指向 Q 面产生电场（图 3.5b）。观测因霍尔效应而产生的电场方向，就能判断电流是"电子"还是"空穴"。也就能判断晶体是"n 型半导体"还是"p 型半导体"。

实验的结果表明，仅掺入镁，还无法形成 p 型半导体。后来，用电子射线照射进行 LEEBI 处理后，总算形成了 p 型半导体。

当时，赤崎研究室没有配备能进行 LEEBI 处理的装置。为此，我要骑着轻型摩托车花 1 小时，到与我们合作研发 LED 的爱知县厂商"丰田合成"公司，借用他们的装置。处理一片试验材料要花 8 小时左右的时间。要制作 p 型半导体，掺入镁的浓度必须控制得非常准确。这个实验很幸运，一开始就碰巧做得很好。此后又不断改变掺入镁的浓度，反复实验。我与鬼头君一起，进行了几千次实验。

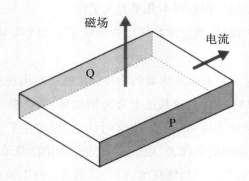

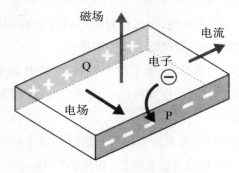

（a）电流是"电子"时

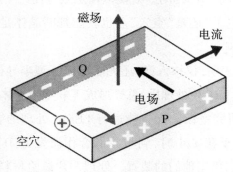

（b）电流是"空穴"时

图 3.5 通过"空穴效应"可判定是 p 型还是 n 型

1989 年 9 月,我作了充分的准备去参加之前提到的砷化镓研讨会,在海报上发表了 p 型半导体制作成功的消息。十分遗憾,几乎没有什么反响。300 多位研究人员参加的会议,认真听我们报告的只有 1 位,是同样在进行氮化镓相关研究的 NTT 公司的松冈隆志老师(现任职于东北大学金属材料研究所)。关于这样的研究,会上完全没有成为讨论的话题。

但海外的反应却不一样。在中国北京召开的冷光国际会议上,我作了报告后,许多人都对此感兴趣。碰巧江崎玲於奈老师也出席了会议。江崎老师在我开始报告时坐在最后一排听,在我演讲的过程中,他好像很感兴趣地走到了前面,坐在第一排座位上听。结束时还特意与我打招呼:"很有趣的发现!"这个场景,至今我仍记忆犹新。

pn 结蓝光 LED 问世:"终于做出来了,这次可以让人相信了。"

像上面说到的那样,虽然制作出了氮化镓 p 型半导体,在日本却没有得到什么关注。那只有实际制作出 pn 结并使其发光,用事实来说服人。此后,制作出来的就是如图 3.6 所示的晶体。

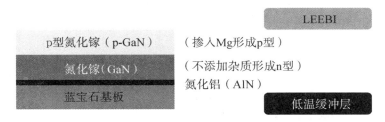

图 3.6 世界最初的 pn 结蓝光 LED 的晶体结构

制作方法是,首先,在蓝宝石基板上让氮化铝低温缓冲层生长,然后在低温缓冲层上让氮化镓晶体生长。当时,未加杂质的氮化镓已形成了 n 型半导体。之后在这样的晶体上掺入镁,使 p 型氮化镓晶体生长,并用电子射线持续照射。迄今为止的实验中培养出的"低温缓冲层"技术和"LEEBI"效应结合,形成了 pn 结的晶体。

晶体完成后,接下来就是安装电极,使电流流动,这时又遇到了一个问题。蓝宝石基板是绝缘体,无法通过电流。于是,我们用了一种工具:笔尖是钻石的钻石笔来划割蓝宝石基板。划出一道口子后,在其上用力,晶体"啪咔!"一声与基板断开了。在断开的晶体侧面与晶体上面接上电极让电流流动,虽然很弱,但确实发出了蓝光。我马上请赤崎老师过来看。赤崎老师眯着眼睛仔细观察了晶体,问:"什么地方发光了?"发光是发光了,但非常暗。

第1章里曾提到 LED 发光的颜色与带隙的能量间的关系。用能带的示意图来说明的话,即导带中的电子落到价电子带里时,落下来的瞬间放出与其能量相符的光(图 3.7)。氮化镓的带隙能量约有 3.4eV,与这个能量相符的光是紫外线,是我们眼睛看不到的光。那么前面提到的能看见的蓝光是什么?我们通过能带示意图来考察一下。

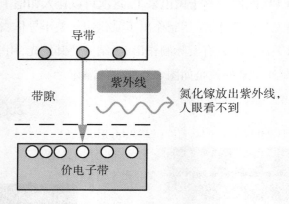

图 3.7 氮化镓带隙发出的光是紫外线,人眼看不到

掺入镁的 p 型半导体的能带如图 3.8 所示。如"LED 是用什么材料做成的?"这一节所说,在 p 型半导体中掺入杂质,临近价电子带的上部就会形成杂质能级。实际上,前面提到的蓝光并不是导带中的电子落入价电子带时释放的能量发出的光,而是导带电子落入镁的杂质能级时释放的能量发出的光。这种情况下,能量要比带隙的能量小,放出了波长较长的蓝光。但光很弱,几乎看不见。后来,我们不断改变掺

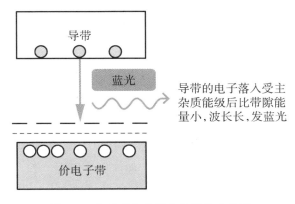

图 3.8 电子落入杂质能级后发出蓝光

入的镁的浓度,反复实验,终于找到了发光最佳的浓度。

　　LED 发出的光波长在 370 纳米左右时发光强度达到了峰值。波长比 380 纳米短的是紫外线,人眼是看不见的。我们看见的蓝光是在图右侧的 420 纳米左右稍稍高起的部分。最后做出来的晶体如图 3.9 的照片所显示的,这是世界上最早的 pn 结型蓝光 LED。"终于制作出来了,应该能得到大家的认可了。"这一瞬间,我如释重负。

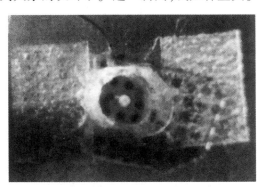

图 3.9 世界最初的 pn 结蓝光 LED 发出的光

(照片提供:名古屋大学赤崎纪念研究馆)

寻求更明亮的"蓝光"

刚问世的 pn 结蓝光为何很暗?

前一节中,谈到了制作出世界上首个氮化镓晶体 pn 结型蓝光 LED。它确实发出了蓝光,但要达到实用标准,其亮度还远远不够。

本节里,我想聊聊使氮化镓蓝色 LED 更为明亮,达到实用标准的研究过程。要使蓝光 LED 更加明亮,如何做才好呢?

实际上,pn 结型 LED 发出的光有好几种类型。用能带图来解释一下,如图 3.10 所示,pn 结有导带及价电子带,另外 p 型半导体有受主杂质能级,n 型半导体有施主杂质能级。根据"电子从哪里落到哪里",其发光的种类不同。

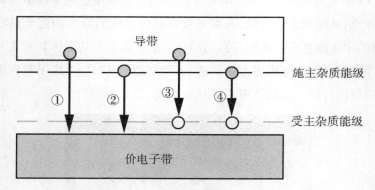

① 从"导带"落入"价电子带"
② 从施主杂质能级落入"价电子带"
③ 从导带落入"受主杂质能级"
④ 从"施主杂质能级"落入"受主杂质能级"

图 3.10 pn 结型 LED 发出的光有好几种

第一种,电子从导带落到价电子带中时发光,放出与带隙能量相符的波长的光。第二种,从施主杂质能级落到价电子带时发光。第三种,从导带落到受主杂质能级时发光。第四种,从施主杂质能级落到受主杂质能级中发光。第二、第三、第四种发光是比带隙能量小的能量的光,波长稍许长一点。

接下来考虑一下前面提到的"世界上最早的 pn 结型蓝光 LED 发光为何很暗"的问题。

我们最初制作出的蓝光是图 3.10 中的第一种光和第三种光混合发出的光。也就是说,一种是与氮化镓带隙能量相符合的光,一种是因杂质而导致电子落向受主杂质能级发出的光。

前一节中我们探讨过,氮化镓的带隙大约是 3.4eV,发出的是紫外线,这种光,人的眼睛是看不见的。第三种光能量小一些,波长稍长一些,发出的是蓝光。就是前图 3.9 的照片展示的蓝光,也就是"导带电子落到受主杂质能级时发出的光"(第 3 种)。但我们早已知道这种光无法变得更亮。因为受主杂质能级中的空穴数量是有限的,所以从导带落下的电子数量也是有限的。

而第一种带隙能量的发光,只要电流能流动,就能提供电子及空穴。也就是说,如果有大量电子流动,电子从导带落到价电子带当中,就能发出更明亮的光。要使 pn 结型蓝光 LED 发出更明亮的光,"须利用带隙能量导致的光",这一点十分重要。但如前所述,氮化镓的带隙光是紫外线,人的眼睛是看不见的。那么,怎么做才好呢?我们想到了用"某种方法"使氮化镓带隙缩小。

缩小带隙的"某种方法"?

缩小氮化镓带隙的"某种方法"是什么呢?

问个很冒昧的问题,各位读者喜欢喝什么咖啡?为直接体验咖啡的苦味和酸味,不加任何辅料的咖啡是黑咖。如要使味道变得滋润一些,可以加点牛奶。咖啡的味道根据加入的牛奶量的比例而逐渐变得滋润起来。实际上两种半导体混合起来时,根据其混合的比例,其性质也会发生改变。这种把几种半导体混合起来的晶体称为"混晶"。

更具体一点来说明,请看图 3.11。横轴是晶格常数,纵轴是带隙

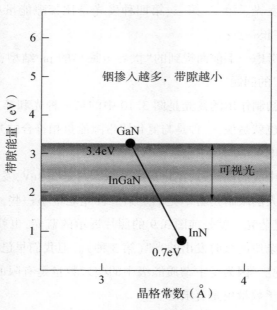

图 3.11 掺入铟后,带隙缩小

能量的大小。氮化镓的带隙能量约在 3.4eV。如果想缩小氮化镓的带隙,只要做到"混入带隙能量小于氮化镓的半导体"即可。

　　于是我们注意到了氮化铟。如图 3.11 所示,氮化铟的带隙能量约为 0.7eV,即在氮化镓中混入越多的氮化铟,带隙能量就变得越小,越接近 0.7eV。这样,氮化镓和氮化铟混合起来的混晶"氮化镓铟"(In-GaN)就进入了研究视野。

　　赤崎研究室从 1986 年起,比我晚一届的学弟们开始了氮化镓铟的实验。为使氮化镓铟发出蓝光,必须将氮化镓晶体中 15% 的镓原子替换成铟原子。但当时的实验只能做到 1.7%,无法很好地制作出氮化镓铟晶体。

目标:氮化镓铟,投放 16 000 倍的氨

　　这里就要说到松冈隆志老师了。松冈老师前面出场过,还记得吗?

在那次砷化镓研讨会上，我的海报发表，谁都不关注，唯一一位认真听我报告的人就是松冈老师。松冈老师也在同一会场上作了口头发言，内容就是关于氮化镓铟晶体的实验成果。

松冈老师主要做了两件事。一是"把氮气用作运载气体"。前面在聊 MOVPE 装置的话题时，谈到进入反应管中的气体，除了原料气体外，还有将原料送到基板附近的运载气体。我们的实验中是用氢气作为运载气体的，但氢气有时是会捣乱的。

氢气会捣乱的道理，在实验过后 10 年的 1997 年，由东京农工大的团队在理论上对其作出了解释。氢会妨碍铟原子进入镓原子的晶体中，让铟原子飞出去。因为这个原因，铟原子不能很好地融入晶体中，只形成了氮化镓。而松冈老师的实验中，运载气体不使用氢气，而是使用氮气。这样就解决了这个问题。

二是"大量投入氨气"。氨气是提供氮原子的原料气体。要使氮进入氮化镓铟的晶体当中，需要非常高的压力。而且，晶体生长的温度越高，施加的压力也必须越高。

因为上述原因，松冈老师将晶体生长温度降到 800℃ 左右。但温度下降幅度过大，原料氨气的分解速度慢了下来，供应的氮原子的量就减少了。松冈老师换了一个想法：氨来不及分解，就采用"大量投入"的方法，将氨的供应量提高到铟的 16 000 倍。

1989 年，松冈老师通过以上两个方法，成功制作出了进入晶体的铟达到 10% 以上的晶体。但这种晶体只有在 -196℃ 的低温下才发光，室温下发出的光还是十分微弱。尽管是在低温状态下，首先制作出发蓝光的氮化镓铟晶体的是松冈老师。

"出了了不得的人物"：中村先生。用气体控制气体的"双流方式"

赤崎研究室也在努力进行着氮化镓铟晶体的制作实验，但效果不能令人满意。出于这样那样的原因，不久之后，赤崎老师退休去了名城大学，我也跟着他一起去了名城大学。由于研究室的迁移，我们有一年时间无法做实验。

那段时间里出现了一位人物,就是日亚化学工业(当时)的中村修二老师。他接连发表了许多了不得的研究成果。中村老师开始制作氮化镓晶体的实验是在 1989 年前后。中村老师与我们一样是用 MOVPE 装置来做实验的。

这又要说到我们制作实验装置时的事了,晶体生长的基板周围,温度达到了近 1000℃的高温。因此,原料气体吹向基板附近时,因热对流,"拂!"地飞扬了起来。当时,这是实验中的一个难点。而中村老师想到的是"用气体来抑制气体"的方法。

图 3.12 是中村老师使用的实验装置的模式图。主要特征是,进入反应管中的气流有与基板垂直的和平行的两种。将作为氮化镓原料气体的三甲基镓及氨气,包括运送原料的运载气体氢气,从与基板平行的方向吹入反应管。另一方面,将氮气与氢气混合的气体,从与基板垂直的方向吹入反应管。用反应管上方吹入的气体,硬把因高温热对流而飞扬起来的原料气体压到基板上。因为使用从两个方向送入气体的方法,所以这种实验方法被命名为"双流 MOVPE 法"。

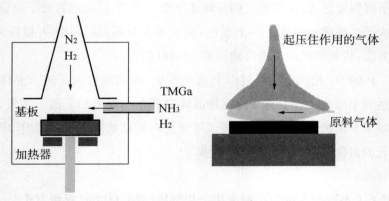

图 3.12 双流 MOVPE 装置模式图

此后,中村老师的团队使用这种双流式装置,进行了氮化镓晶体的制作实验。与我们一样,他们采用了在蓝宝石基板与氮化镓晶体间夹一层软垫的"低温缓冲层"技术。但他们使用的缓冲层的材料与我们不同。我们用的是"氮化铝",而中村老师用的是与要生长的晶体相同的"氮化镓"。在没有夹氮化镓低温缓冲层的晶体的表面上可以看到大量的六角形岛状晶体,而夹了氮化镓低温缓冲层的晶体表面则非常漂亮。

从那时起,中村老师开始在学会发表实验成果,我们都觉得出了了不得的人物,十分吃惊地看着他的发展。最初的发表内容是重做我们做过的实验,关于氮化铝缓冲层的情况。但可能是情况不理想,在此后的发言中,话题转变成了氮化镓缓冲层,经常听到他关于"氮化铝缓冲层不顶用了!"的发言。他断言"氮化铝缓冲层不顶用了,必须使用氮化镓缓冲层。"听着这话,我在想:"这没什么两样吧?"

当时,别的研究者已试过在硅基板上使用与生长晶体相同的砷化镓低温缓冲层的方法。我没用氮化镓低温缓冲层,部分原因是不想被人说成是"模仿别人而已"。而中村老师却拿着这个题目堂堂正正地发表,反而觉得他确实厉害。

"电子射线不顶用",用热处理提高 p 型结的制备效率

此后,中村老师的团队开始制作氮化镓的 p 型。一开始,他与我们一样,掺入镁,然后使用电子射线照射的"LEEBI"技术。但在不断实验的过程中,他们注意到了不用电子射线照射,"加热不就能制作出 p 型半导体吗"的问题,发表了"在真空或氮气中,采用 400℃ 以上的热处理方式,能制作出 p 型半导体"的论文。

从晶体加热的温度与晶体电阻率关系的实验数据来看。确实,在 400℃ 以下,电阻率仍然很高,而用更高的温度加热,可看到电阻率降低。这种方法的优点是能在短时间内高效制作出 p 型半导体。因而可实现大量生产并降低成本。

然而,为何在照射电子射线或热处理后,就能形成 p 型半导体呢?一种假设是"去除了造成妨碍的氢元素"。做 p 型氮化镓要掺入杂质

镁,而镁的周围有好几处有氢原子稳定存在。因为这些氢,镁就不能起到受主杂质的作用了。

一开始,中村老师的团队也用电子射线照射来制作 p 型半导体。发现了热处理方法后,他立即就说"电子射线不顶用"。用电子射线照射制作出 p 型半导体也是他自己的发现,发表时却只说是用热处理方式制成的。坦率地说,当时听了这样的说法确实不很舒服。热处理方法是谁都能想到的很直接的方法。这样的结果,确实让我有点懊丧。

中村老师的团队接下来继续制作了氮化镓铟的晶体。前面说到过,松冈老师制作出氮化镓铟的高品质晶体,并在低温状态下使其发出了蓝光。剩下的课题就是"制作室温状态下能发出蓝光的高品质氮化镓铟"。

中村老师使用自己的得意之作——双流式装置,于 1992 年在室温状态下制作出了能发光的氮化镓铟晶体。但要点还是松冈老师想到的"使用氮气作为运载气体"和"大量使用氨气"两点。松冈老师使用的实验装置并不是制作 LED 的装置,也没有用低温缓冲层技术。而日亚化学工业以松冈老师的想法为基础,使用低温缓冲层,制作出了室温下也能发光的氮化镓铟高品质晶体。

电子关进"陷阱"里,带隙的"三明治结构"

终于,我们还是根据"带隙能量发光"的原理,掌握了使 LED 发出更明亮光的关键。研发到了使用氮化镓铟晶体的阶段了。那么,怎么来使用好这种晶体呢?

首先,复习一下普通的 pn 结的构造。pn 结就是有大量空穴的 p 型半导体与有大量电子的 n 型半导体结合在一起的晶体。在这种晶体上施加电压后,能带图就如图 3.13 所示。p 型与 n 型半导体分界线附近导带的电子落入价电子带的空穴中,放出与带隙能量相符的波长的光。但氮化镓的带隙较大,放出比蓝光波长短的紫外线,这种光是人的肉眼看不到的。

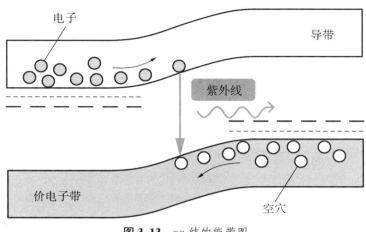

图 3.13 pn 结的能带图

现在,在氮化镓 pn 结之间,夹入氮化镓铟晶体。于是,能带图变为如图 3.14 所示那样。氮化镓铟的带隙比氮化镓小,在 pn 结分界线附近,形成了一个导带与价电子带能量差较小的领域。

对这样的晶体施加电压,与之前相同,n 型半导体导带中的电子朝着 p 型半导体的方向移动,p 型半导体价电子带中的空穴向 n 型半导体的方向移动。于是,中间夹入的氮化镓铟的能带就起了像空洞般的"陷阱"的作用,电子与空穴都被关闭在氮化镓铟层里。被封闭在陷阱里的电子掉落至空穴时,放出与带隙能量相应的波长的光。前面这种光是紫外线,现在带隙缩小了,放出蓝光。

这样的将带隙小的材料夹到带隙大的材料中的结构被称为"双层异质结"。就好像三明治夹起来的那种结构。带隙小的层称为"发光层",将发光层两侧夹起来的带隙较大的层叫作"包覆层"。这里,氮化镓铟为发光层,p 型与 n 型氮化镓为包覆层。

中村老师制作了双层异质结的蓝光 LED 并使其发光,发光强度为 10 毫坎德拉。比最早的蓝光 LED 要亮,但还未达到可实用的亮度。原因在氮化镓铟上。"双重异质结"中夹了一层氮化镓铟后,带

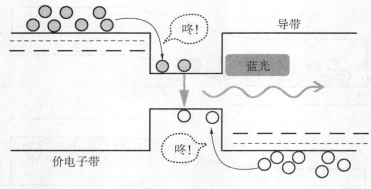

电子和空穴"咚！"地掉落发光层，像被关在"陷阱"中一般

图 3.14 "双层异质结"的能带图
发光层的氮化铟镓因带隙小，光的波长变长，发出蓝光

隙确实变小了，但铟的掺入量不足，带隙缩小有限，释放的光大部分
还是紫外线。

掺入不纯物，获得高强度蓝光 LED

　　为把蓝光 LED 发出的光从紫外线转变为蓝光，还要进行两项工
作。一是"在发光层中掺入杂质"。

　　请再复习一下图 3.10。LED 放出的光里，依据"电子从哪里落到
哪里"，有几个种类。赤崎研究室制作的世界上最早的 pn 结型蓝光
LED 的蓝光是与受主杂质能级相关的第三种光，发光强度是不足的。
因此，采用第一种带隙能量发光方式，使用让带隙变小的氮化镓铟。但
掺入的铟的量不足，不能充分地缩小带隙。当然可以增加晶体中掺入

的铟的量,但在当时要再增加掺入的铟的量已经很难了。

接下来想到的是好好运用第四种光。即掺入杂质时形成的"电子从施主杂质能级落到受主杂质能级时发出的光"。这种光比带隙发出的光能量小,波长长,更接近于蓝光。

具体来说,是在氮化镓铟的晶体中掺入为制作 p 型半导体而掺入的受主杂质锌和为制作 n 型半导体掺入的施主杂质。以前,我制作的蓝光 LED 发出的光,杂质只有受主杂质,其发光强度是有限的。但施主杂质和受主杂质两种都掺入,电子与空穴的配对数量能较好地平衡起来,就能更好地发光。即,不是纯粹地带隙发光,而是利用杂质能级的发光,也是一种发出更亮光的机制。不过,现在已经发现了发出更亮光的方法,上面这种方法就不再使用了。

蓝光亮度提高100倍! 蓝光 LED 迅速在社会上广泛使用

二是"用氮化镓铝(AlGaN)来制作包覆层"。再来说一下混晶这个话题。掺入好几种半导体时,因掺入半导体比例的不同,混晶的性质会发生变化。

氮化铝镓是将氮化镓晶体中的一部分镓原子替换成铝原子的晶体。我们看一下图 3.15 表示的带隙能量大小。掺入的铟越多,带隙能量就越小。而氮化铝的带隙能量约为 6.2eV,比氮化镓更大。即铝与铟相反,掺入比例越高,带隙越大。

为何需要带隙大的晶体?只要理解了为何需要包覆层就能知道其中的道理了。包覆层是夹在发光层两侧带隙较大的层。包覆层的带隙越大,封闭电子、空穴的效果越大,发光效率就越高(图 3.16)。

考察进行了上述两项工作后的 LED 发光光谱。峰值波长约 450 纳米。以前的峰值是人眼看不到的紫外线,现在波长变长了,放出了蓝光。其发光强度达到了 1 坎德拉。当时已在销售的碳化硅蓝光 LED 的发光强度是 0.01 坎德拉,我们制作出了发光强度是其 100 倍的蓝光 LED。

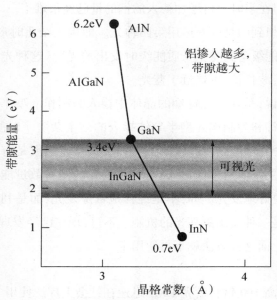

图 3.15 掺入铝后,带隙增大

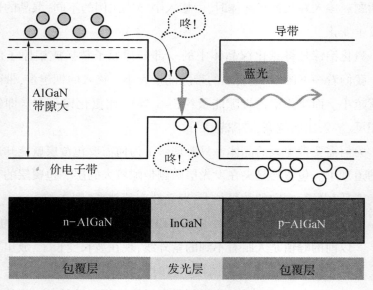

图 3.16 包覆层封闭电子和空穴

此后,双层异质结进一步发展,形成了"量子阱结构"技术,发光强度达到了2坎德拉、3坎德拉。随着高照度 LED 的诞生,LED 的实用化进展迅速,蓝光 LED 迅速在社会上普及。关于其中的关键技术:量子阱结构,后文会详细阐述。

大容量蓝光光盘,下一个目标是"激光"

前面提到过,在中村老师发表了许多了不得的研究成果时,赤崎研究室迁移到名城大学,有一年时间不能做实验,令人十分着急。实验装置都放在名古屋大学了,新的装置由先锋公司提供。当时,先锋公司确定以激光二极管的开发为公司目标,因此援助了我们。那时,我的脑子里也只有激光。

激光是日常生活中经常要碰到的,比如记录音乐、影像等的 CD、DVD。CD、DVD 有一面是有光泽的,上面有许多使光的反射率降低的细小的孔,呈旋涡状排列。用激光照射这一面,没有孔的地方就像镜子般地强烈反射光线,有孔的地方激光乱反射,光就变得很弱。播放 CD、DVD,就是读取激光反射光的强弱程度(图 3.17)。

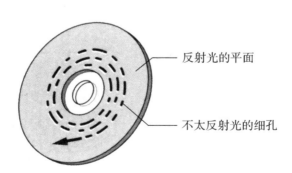

图 3.17 CD 和 DVD 是记录信息的方式

上述两种光盘直径都是 12 厘米,看上去是一样的,但能记录的数据量 CD 是 0.7GB、DVD 是 4.7GB,两者是有差距的。而最近经常听说的蓝光光碟(BD),能记录的数据量是 25GB,相当于 35 盘 CD 和 5 盘 DVD。

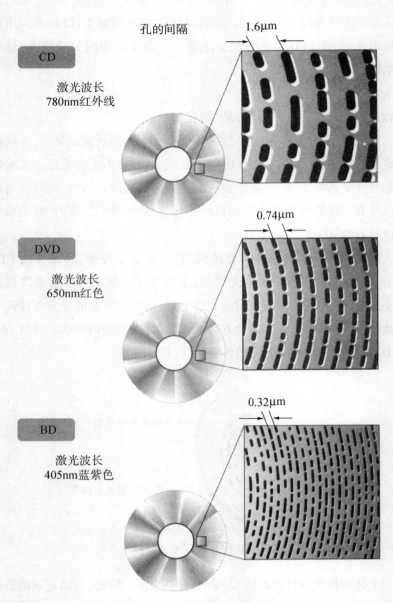

孔的间隔

CD

激光波长
780nm红外线

1.6μm

DVD

激光波长
650nm红色

0.74μm

BD

激光波长
405nm蓝紫色

0.32μm

图 3.18 波长越短,激光束越细

为何同样大小的光盘,信息记录量会有如此大的差别呢?将光盘比作练字使用的日本纸,在同样大小的纸上写字,笔尖粗的笔与细的笔,哪一种能写更多的字呢?细的笔书写的文字小,就能写更多的字。用圆珠笔来写的话,字更小,能写更多的字。即笔尖越细,能写的字就越多。

光盘的记录也一样,使用的激光束越细,记录光盘的孔就可以更细小、密度更高,记录的信息量也就增加了(图 3.18)。但要使激光束变细,就需要将激光的波长变短。当时,CD 采用的是 780 纳米的红外线激光,而 DVD 采用的是 650 纳米的红色激光。而能记录更大容量的 BD 所使用的激光束就要用此前提及的氮化镓制作的蓝色激光,其波长是 405 纳米。要将光盘技术带入新时代,就必须开发氮化镓激光。

直射的激光射线,关键在"受激发射"

那么,激光到底是什么东西?比较一下白炽灯灯光与激光的性质。请看图 3.19。白炽灯灯光的前进方向、波长都是杂乱无章的,因此,其

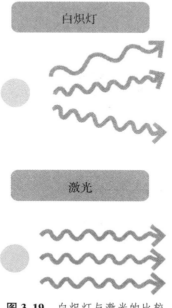

图 3.19 白炽灯与激光的比较

颜色也是各种各样的。而激光的光是不扩散的、笔直向前的,波长的长度、波峰波谷都对得整整齐齐。激光是不散乱的、同一种颜色的光,像根棒一样笔直向前延伸。看上去就像电影《星球大战》中出现的激光剑发出的光。

为何激光能放射出这样整齐的光呢?我们用能带图来讨论激光发生的机制。请看图3.20。能量高和低的两个位置上,各有电子能存在的能级。

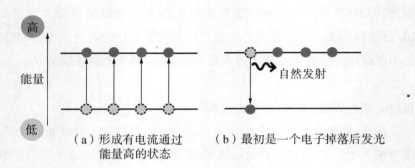

（a）形成有电流通过　　　（b）最初是一个电子掉落后发光
　　能量高的状态

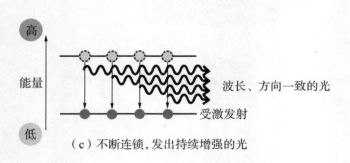

（c）不断连锁,发出持续增强的光

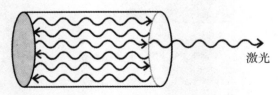

（d）在两端镜面间持续反射,放大光

图3.20 激光产生机制

先通过电流施加能量,使电子得到更高的能量(图3.20a)。接着是最初的一个电子向能量低的能级移动,放出与落下去的能量相符的波长的光(图3.20b),这叫作"自发发射"。再接下去,其他的电子连锁地、不断放射方向及波长一致的光,且光的强度逐渐增强(图3.20c),这种现象叫作"受激发射"。进一步,在这种受激发射放出光的方向和相反方向上都放置镜子。于是,光在两端的镜子间反射,多次往返后,光逐渐被放大了(图3.20d)。

这样提取出来的行进方向、波长一致的光就是激光laser。"laser"由以下英语Light Amplification by Stimulated Emission of Radiation各单词的首字母组成,直译就是"受激发射的光放大"。

"陷阱"变得更窄,把电子封闭在"阱"中

用蓝光LED制作激光,必须有比以上介绍的结构能发出更明亮的光的机制。要发出更亮的光,就要让更多的电子高效地落入空穴中,用什么样的结构才好呢? 可以考虑的结构叫作"量子阱结构"。这是把前面提到过的双层异质结的发光层做得很薄的结构。发光层做得薄有什么好处呢? 我们通过能带图来探讨一下。

双层异质结就是将能带小的材料用能带大的材料夹起来。从能带图上看,有一个封闭电子、空穴的"陷阱"。以前的双层异质结中,夹着的发光层厚度约40纳米。而量子阱结构的发光层厚度只有几个纳米,仅是之前的1/10,就像图3.21的样子。发光层的厚度做得很薄的话,"陷阱"就变得更窄,像深"阱"一般。这样就增强了将电子与空穴关闭起来的效果,电子高效地落到空穴中就能发出更明亮的光。特别是氮化镓,其效果会得到充分显现,发光强度会10倍、100倍地提高。

还不止此。为追求更明亮的效果,将这种量子阱结构制作成"夹心千层糕"般的好多层,称作"多重量子阱结构"。通过改变发光层的氮化镓铟中的铟与镓的浓度比例,发光层中带隙大的与带隙小的重叠,好几个"阱"嵌入了发光层里(图3.22)。

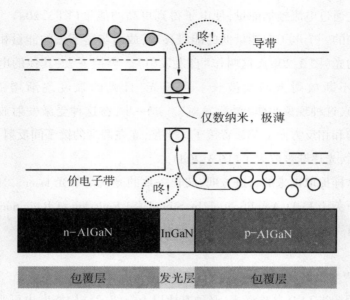

图 3.21 发光层做得很薄的"量子阱结构"能带图

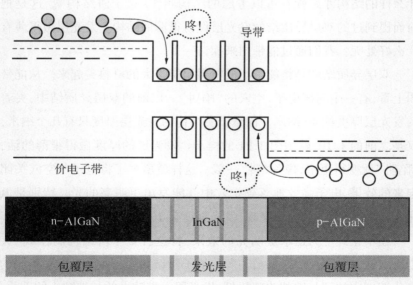

图 3.22 封闭多重"阱"的"多重量子阱结构"的能带图

中村老师的团队十分厉害,1993 年掺入锌与硅开发出了高照度蓝光 LED,1995 年制作出了现在提到的多重量子阱结构的 LED。我们的发表时间是 1995 年 8 月,而中村老师的团队已在同年 3 月申请了专利。也许中村老师他们更早完成了这项工作。我们同中村老师团队所考虑的多重量子阱结构 LED,在结构上是完全一致的。

封闭电子、空穴、光,技术之巅:"超高层建筑式晶体"

如前面提到过的,激光用的是在"受激发射"状态下放大的光。要得到这种光,得做到两点。首先是使光更加明亮,其次是不要让光逃出去。即"封闭电子和空穴"、"封闭光"两点。

首先,考虑一下如何"封闭电子和空穴"?用于激光的晶体的基本结构是氮化镓铟多重量子阱结构的发光层与在两侧夹住的氮化铝镓的包覆层(图 3.23)。这种结构包含着两项技术。一是将很细的能带阱多层重叠起来,封闭电子和空穴的"多重量子阱结构"。二是用带隙大

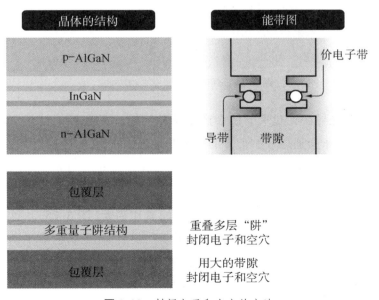

图 3.23 封闭电子和空穴的方法

的材料夹住发光层,封闭电子和空穴的"包覆层"。

多重量子阱构造的氮化镓铟的发光层制作成功后,中村老师的团队也向开发激光的研究转移。1996年1月,他们发表了世界上最早的有关激光研究的报告。中村老师研究的激光晶体的特征是:一、多重量子阱的数量有26层。我们的晶体只有5层,要高出我们很多。二、在"封闭光"上面下了很多功夫。激光的光是通过发光层的受激发射而放出的光。要想不让这种光逃逸,就得用p型和n型的氮化镓把发光层夹起来。这样,光就被封闭在其中了。这种将发光层的光封闭在其中的层叫作"光导层"(图3.24)。

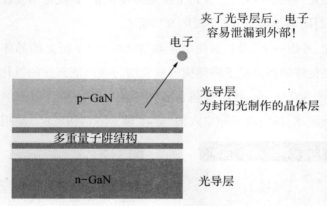

图 3.24 封闭电子和空穴的方法

但用光导层夹起来的话会产生某种问题:"发光层的电子会向外泄漏"。电子会通过p型上方的层不断地逃出去。为防止这种现象的发生,中村老师想到的是"电子阻挡层",即在发光层与光导层间制作一个封闭电子的新的层。

电子阻挡层的材料使用带隙较大的氮化铝镓(图3.25)。这是日亚化学工业研究者的创意。用了电子阻挡层后,光的折射率平衡被打破,不太能用别的材料了。但对氮化镓晶体却能十分有效地防止电子的向外泄漏。而同时,空穴基本不泄漏。只有电子泄漏,因此,电子阻挡层只要在发光层上堆积起来就可以了。

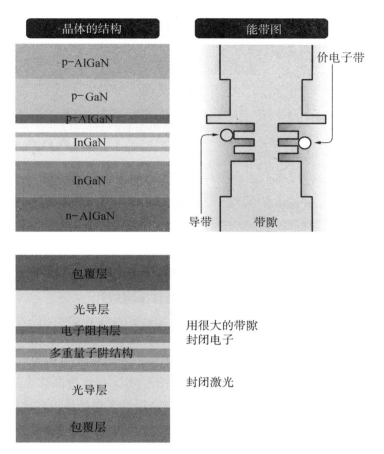

图 3.25 为封闭电子而制作的"电子阻挡层"

　　下面看一下历经各种曲折才完成的晶体(图 3.26)。中央是多重量子阱结构的"发光层",上面是 p 型晶体,下面是 n 型晶体。为封闭电子,只在发光层上方使用"电子阻挡层"。接下来是将上述两者夹住,以封闭光的"光导层"。再下来是将上述三层夹住,为封闭电子和空穴的"包覆层"。在其两侧是 p 型和 n 型氮化镓,n 型的包覆层与氮化镓之间,夹着氮化镓铟的"低温缓冲层",由于这种晶体夹着使其与基板的失配度得到缓解的"低温缓冲层",就可以在蓝宝石基板上堆积

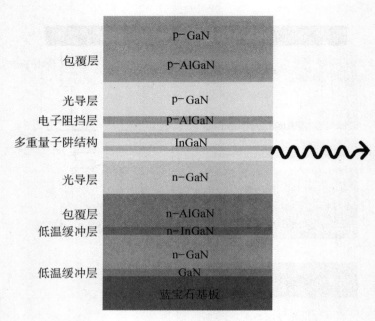

图 3. 26 多样技术集聚的蓝光激光晶体结构

起来。整个晶体层就好像是超高层建筑那样多重复杂。

　　这种结构凝聚了前面所提及的所有技术。在这种晶体上安装电极,使电流通过,发光层就会受激发射,产生的光在晶体内多次往复反射后放大,这就是激光了。

第 4 章

氮化镓开拓的 21 世纪

　　第 3 章谈了制作出很难稳定制备的高品质氮化镓晶体,从而实现蓝光 LED 实用化的过程。不过,氮化镓不仅可用于 LED,还有着更广阔的用途,可用于冰箱、空调等电器中使用的"大功率器件",紫外线中波长短的深紫外线 LED,包含红光、蓝光到深紫外线的各种波长的激光器,可将迄今未被利用的波长短的太阳光利用起来的"氮化物太阳能电池"等领域。将氮化镓所具有的材料上的优点应用于未来需要的各种器件上,会带来各种好处。本章将围绕着氮化镓材料潜藏着的巨大可能性会给人类带来怎样的未来这个主题作一个全面的展望。

节能的王牌:大功率半导体

到达临界状态后,电流会瞬间流出。坚韧的材料:氮化镓

　　氮化镓材料的最大特点是"带隙很宽"。LED 就是发挥了"带隙宽"的特点,让波长短的光放出来,从而实现了蓝光 LED 的。"带隙宽"究竟有什么优点呢?

　　第 1 章曾谈到 LED 的 pn 结,在某个方向上加电压后有电流,而反

向加电压却没有电流。请看一下图 4.1 的图线。横轴是电压,纵轴是电流。电压正向加到一定数值,电流会一下子产生。电压负向加到一定数值,最初电流几乎是 0,但超过了某个数值,会一下子增大。

以滑溜溜的滑梯为例,刚开始的时候,我们抓住什么东西,就可以不滑下去。当滑梯倾斜角度渐渐增大,你还能抓住不滑下去吗?不久,抓住东西的手臂就会开始发抖,最后,终于到达了一个临界点,人一下子滑了下去。图 4.1 提示的 pn 结也同样如此。电压徐徐上升,本来是像绝缘体一样不通电流,到了某个极限,电流通了,并一下子增大了。这种现象中的一部分称为"雪崩击穿"(avalanche breakdown)。

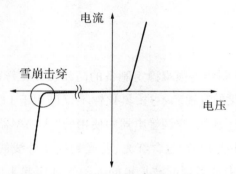

图 4.1 半导体的电压—电流特性

最为常见的雪崩击穿现象就是"闪电"。闪电是"云与大地间的雪崩击穿现象"。见图 4.2,积雨云中产生静电后,云下方带负电荷的冰粒开始聚集。被这种电荷吸引,大地带上了正电荷。云与大地间的物质是空气。空气不能导电,是绝缘体。云与大地间不断聚集正负电荷,会击穿它们间的介质——空气。空气耐受电场强度的极限为 30kV/cm,即超过 30kV/cm 的一瞬间,电流一下子流出,发出轰响,形成闪电。

上述半导体 pn 结上出现的现象与闪电是同一性质的,只是电流开始流动的数值——"介质击穿电场强度"(以下简称'击穿场强')不同。氮化镓的击穿场强为 3000kV/cm,比空气大 100 倍。最常用的半导体硅的击穿场强为 300kV/cm。氮化镓是硅的 10 倍。实际应用上,

图 4.2 闪电是云和大地间的雪崩击穿现象

云与大地的电场强度超过 30kV/cm 的瞬间就会闪电,有电流通过

带隙越宽,击穿场强越大,越能耐高压。这就是氮化镓材料具有的优点。

冰箱、空调、电动汽车……人们身边的大功率半导体

"击穿场强越大,越能耐受更高的电压"。发挥这一强项,氮化镓能用于哪些器件呢?能起作用的典型例子是"大功率半导体"。

大功率半导体是在交直流变流器件(整流器、逆变器)中控制电力所用的半导体器件。逆变器是将直流变为交流的装置,整流器是将交流变为直流的装置。在我们平时使用的家电产品中有很多这种装置。

夜里,冰箱会发出响声,那是压力泵的电动机转动的声音。逆变器可以控制这种电动机转速。空调也同样使用这种逆变器。另外,混合动力汽车、电动汽车里也用这种器件。电动汽车里的电池是直流的,为提高电动车的效率要用交流电动机,因此,电池里的直流电要变为交流电。而电脑的交流插头需要把交流变为直流,这种插头是带整流器的。

逆变器大规模地应用于日本的电力融通中。日本使用的交流电的

频率,东部是 50 赫,西部是 60 赫。因频率不同,在电力需要互相融通时,必须进行调整。这种调整不是一下子把 50 赫变为 60 赫(或是相反),而是先把 50 赫的交流电变换为直流电,然后再把直流电变换为 60 赫的交流电。这一过程中既要用整流器,也要用逆变器。"3. 11"东日本大地震时,要把西日本发电站发出的电大量送到东日本,变电站的变电能力跟不上。为了能大量地融通,日本政府在地震后增加了整流器和逆变器的设置。

如上所述,带有大功率半导体的整流器、逆变器在各种各样的场合下使用,而现在使用的大功率半导体都是硅半导体。

这里我们再考察一下前面谈到的硅与氮化镓的击穿场强。硅是 300kV/cm,氮化镓是其 10 倍,3000kV/cm。用这两种半导体制作工作电压 100V 的产品会出现什么情况?为保证产品安全,耐压设定为工作电压的 3 倍:300V,这样硅需要约 10 微米的晶体,而氮化镓只需要 1 微米的晶体就行了。即,"击穿场强越大,产品可以做得越小"。产品小型化还有其他各种好处。小型化能减少运行时电阻所造成的损耗。如果将硅晶体都换成氮化镓晶体,理论上"电流的损耗可减到原有的 1/10"。

电子湖:"二维电子气",即使不添加杂质也能得到大电流

有一种氮化镓制作的大功率半导体器件叫作"高电子迁移率晶体管"(High Electron Mobility Transistor,HEMT)。

HEMT 是控制电流的电子元件——"晶体管"的一种。主要有两个作用:一是电信号放大作用,二是电信号开关作用。HEMT 可用于智能手机基站、GPS 导航仪接收器或防止撞车的雷达。

在智能手机基站中,以往使用的多是砷化镓晶体的 HEMT。但砷化镓晶体的 HEMT 必须为增加电子而掺入杂质。半导体中流动的电流大小与半导体的电子和空穴的数量、能移动的距离、电场(击穿场强)成比例。掺入了杂质后,电子的数量是增加了,但电子移动的速度

降低了,这样就会导致大的电流不能通过的问题。因此,最近智能手机基站的 HEMT 都在将砷化镓改换为氮化镓。

各位读者看到过"打火石"吗?手里拿着硬石块与铁块,用力互相击打,会"啪!"地闪出火花。其实这时在打火石里发生了了不得的情况。打火石互击的瞬间,晶体扭曲拉扯,表面的正负电荷偏向一边,石头中产生了电场。这种电场超过了介质击穿场强,于是就像前面谈到的闪电的情况那样,"咚!"地一下,电流一下子就流出来,产生了火花。

其实,氮化镓的 HEMT 内部也发生了与打火石相同的情况。这样的状态有"不掺入杂质也能产生大电流"的优点。氮化镓的 HEMT 的中心部分,在氮化镓上堆了一层氮化铝镓,其结构如图 4.3 所示。第 2 章中谈到氮化镓与蓝宝石基板的晶格不同,失配度很高的情况,这两种晶体的失配度也很高。这样,晶体就会发生扭曲,但这里要用到的正是

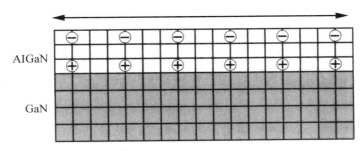

(a)氮化铝镓晶体扭曲后横向拉扯

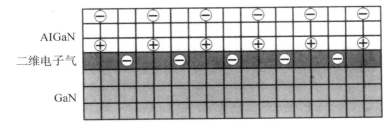

(b)氮化镓上层集聚电子

图 4.3 氮化镓 HEMT 中心部分的结构

这种"扭曲"。

　　在氮化镓上让氮化铝镓薄薄地生长一层,虽有点勉强,但还是与下层晶体的原子间隔互相配合着生长了起来。于是上层的晶体扭曲,朝横向发生了拉扯。像前面说到的打火石那样,上层负的、下层正的电荷各自聚集。再加上被上层氮化铝镓的正电荷吸引,氮化镓上聚集起了电子。这种聚集起来的电子叫作"二维电子气"(Two-dimensional electron gas,2DEG)。

　　我们用能带图来说明一下上述情况。如图4.4a所示,氮化铝镓的带隙比氮化镓大。而氮化铝镓因晶体扭曲,正负电荷各偏向一方,晶体中产生了电场,如图4.4b所示,在两种晶体的边界处,能带出现弯曲,使两种晶体的边界出现了"洼坑",电子滞留在那里。这些电子就是二维电子气。

　　氮化镓的HEMT能利用这种二维电子气,就没有必要再添加杂质增加电子和空穴了。这是氮化镓器件能做得电流大而电阻小的原因。

断路后也有电流,为安全起见,需要设置"常闭状态"

　　氮化镓的HEMT也有问题。前面讲到,晶体管有开关作用。开启的时候,希望电流尽可能大;关闭的时候,绝对不能有电流。比如用在汽车上,在发生问题车子坏掉之前,如果有电流了,就有可能使车辆狂奔起来。

　　车子坏掉的时候,电流必须切断。这就是设计时的"常闭状态"(nomally off)的基本设想。氮化镓的HEMT,因为存在二维电子气,所以处在开启状态的时候,电流很大;处在关闭状态的时候,也会有电流流动。这就有问题了。

　　下面我们详细考察一下HEMT的结构吧。HEMT属于"场效应晶体管"(FET)器件的一种。FET经常用在我们生活中不可缺少的计算机集成电路里。FET是开关,其结构有点像"切断河流水流的闸门"。河流的水就是电流,闸门就是控制电流使其开或关的作用部位(图

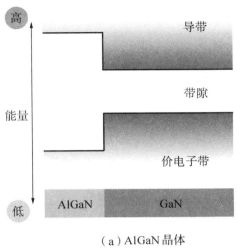

（a）AlGaN晶体

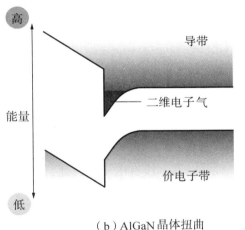

（b）AlGaN晶体扭曲

图4.4 氮化镓 HEMT 的能带图

4.5）。我们看一下 FET 的一种：硅的"MOSFET"的结构（图 4.6）。这
是金属（Metal）、氧化物（Oxide）、半导体（Semiconductor）重叠起来的器
件，用各英文单词首字母连接起来叫作"MOS 器件"。器件上有电流流
入的入口（源极，source）、电流流出的出口（漏极，drain）、关闭电流的闸
门（栅极，gate）。

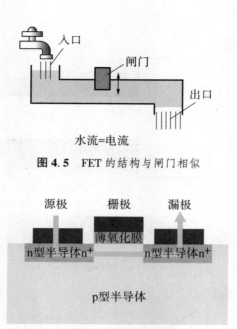

水流=电流

图4.5 FET 的结构与闸门相似

图4.6 FET 的结构

栅极是怎么阻止电流的呢？图 4.7 说明了硅 MOSFET 的开关结构。在源极和漏极下面是 n 型半导体层。因增加了掺入的杂质，导电性提高了，因此称作"n⁺"，即有很多电子的层。但在栅极的下面是没有 n 型半导体(n⁺)层的，基本没有电子。因此，没有给栅极加电压时，电流是不流动的。

在栅极上加电压后，p 型半导体中存在的电子就聚集到漏极附近。于是就形成了从源极到漏极的电子通道，电流开始流动。就这样，依据加在栅极上的电压来控制电流的开和关。这种不加电压就没有电流流动的状态叫作"常闭状态"(nomally off)。

接下来详细考察一下 HEMT 的结构(图 4.8)。因为 HEMT 采用的不是 p 型或 n 型杂质，而是二维电子气，所以在栅极上不加电压时，电流也是流动的。如要阻止电流流动，得在栅极上加逆电压，切断电子的通道。像 HEMT 那样不加电压，电流也在流动的状态叫作"常开状

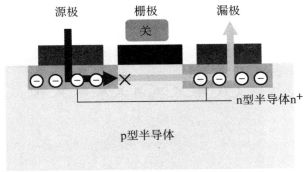

栅极上未加电压时电流不流动→"常闭状态"

（a）栅极上未加电压时

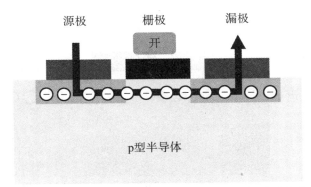

在栅极上加电压后，电子集聚，源极到漏极的电子通道形成

（b）栅极上加电压时

图4.7 FET 的开关功能

态"（nomally on）。为保证产品安全，器件必须做成常闭型的。那么，怎样才能做成常闭型的呢？

放出电子、切断等，解决的方法有好几种

世界上还没人找到这个问题的真正解决方法，下面介绍几个前沿的研究。

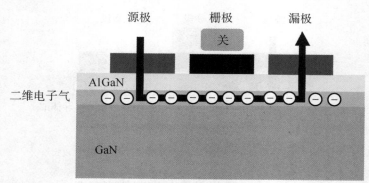

（a）栅极上未加电压时

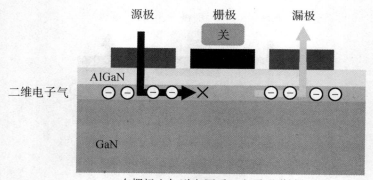

（b）栅极上加电压时

图4.8 HEMT 的开关功能

　　第一种方法是"用 p 型半导体的负离子释放聚集起来的二维电子气"。具体来说，是在氮化铝镓的晶体上，加上 p 型半导体晶体。p 型半导体中有许多负离子，与带着同样的负电荷的电子会互相排斥，这样电子就都消失了。

　　但如果整体都带 p 型半导体，二维电子气消失，也就无法形成器件了。可以先整体加上 p 型半导体，而后再把其他的 p 型消除，只在栅极上留下 p 型层。这样,用点状控制可仅释放栅极下面的二维电子气。即仅在栅极上加电压时,电流才流动,可形成常闭型。这种方法在实验室水平上已实现,但其可靠性较差,会产生无法预测的动作。日本的企业正在朝着可实用的方向抓紧研发,期待着产品化的实现。

第二种方法是"切断二维电子气"的方法。即将栅极下面的部分氮化镓铝消除掉。用亚硝酸、亚硫酸等腐蚀性气体吹在晶体上,使晶体发生化学反应,使其溶解消除。这样,仅这个位置上二维电子气消失,就形成了常闭型。

不过,这个方法虽然设想很好,但技术上非常困难。氮化铝镓的厚度只有 25nm,非常薄。还没有一种气体能不溶解氮化镓、只溶解氮化铝镓。也就是说,不能在准确位置上停止溶解,会将下面的氮化镓层也一起溶解掉。停止溶解的时点必须在观察状态下进行,很难准确完成。

第三种方法是"用氟的负离子释放聚集的二维电子气"。在氮化铝镓的晶体上注入氟的负离子。这样,有负离子的位置上,由于静电的作用,二维电子气消失了。但氟的负离子极不稳定,温度高、使用时间长时会出现稳定性的问题。

如上所述,已经有了各种解决办法的思路,但都未达到实用化的程度。

增加 p 型 n 型接触面的"纳米线结构"

FET 的种类大致可分为两种。前面介绍的 HEMT 中,电流相对于晶体是横向流动的,这类器件叫作"横向型 FET";还有一种是后面要谈到的,电流相对于晶体是纵向流动的,这类器件叫作"纵向型 FET"。

现在,研究的主流是"横向型",但我们研究室的目标是"纵向型"。理由有两个,一是"能让更多的电流通过"。横向型只能在二维电子气狭窄的区域中产生电流,而纵向型能用到晶体更大的范围,能有更大电流通过。二是"能在更高的电压下动作"。为何纵向型能耐受更高的电压呢?

哲人石丛书

Philosopher's Stone Series

在半导体研究史上,有研究者曾有这样的想法:"pn 结的 p 型与 n 型的界面的面积越大,能耐受的电压越高。"各位读者是否还记得初中时学过的"小肠绒毛"形状?初中时曾学过:小肠的内侧有许多细长延伸的突触般形状的绒毛。有了这样的绒毛,小肠的表面积增大了,能很有效地吸收营养。

我们所考虑的晶体也与这样的形状很相似,叫作"纳米线结构"。如图 4.9 那样,排列着细长的线状晶体,这种结构能使 p 型与 n 型的接触面积扩大,因而耐受的电压也提高了。

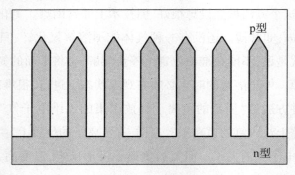

图 4.9　纳米线结构

看上去很复杂的结构是怎么做出来的呢?在做衬底的 n 型氮化镓层上开孔,使其他的地方晶体不再生长,而开孔的部分像雨后春笋般地生长出 n 型晶体(图 4.10)。如果能很好地控制生长的条件,晶体可以

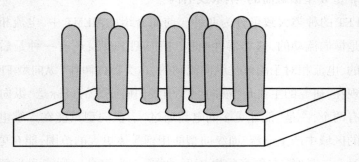

图 4.10　纳米线结构的制作方法

不向横向延伸,只在有空穴的地方生长。然后,在其余的地方填充 p 型氮化镓,就能完成图 4.9 所示的结构。纳米线是 n 型,其他都是 p 型晶体。

这样的纳米线每一根能通过 1 安电流,100 根就能通过 100 安电流。我们的目标是一片最大通过电流达 300 安的集成电路。如果能做到这种程度,一片集成电路就能让电动汽车运行了。

另外,能耐受的电压也随着纳米线的长度而增大,即可通过调节晶体的高度自由地调节能耐受的电压。高度 10 微米,大约能耐受 3000V 的电压。如果能制成 33 微米的纳米线结构晶体,也许能制作出耐受 10 000V 电压的 FET。改变纳米线的长度,能制作出与器件相配的各种材料。

如能实现这样的技术,就可以在更高的电压下工作,不仅可用于家庭里使用的电气产品、电动汽车等,也可用于列车等领域,应用范围就会一下子扩大开来。最终目标是将氮化镓制作的 FET 用于新干线上。

“看不见的光”之可能性:深紫外线 LED

能在水净化、打印机、皮肤病治疗等领域广泛使用的短波长光

下面想聊聊能放射紫外线中更短波长光的“深紫外线 LED”的应用。

蓝光 LED 放出的光的波长约 450nm,深紫外线放出的是 250—350nm 波长的光。深紫外线 LED 的研究从 1995 年开始,已经有 20 年左右了。之前因很难制作出高品质的晶体,形成不了 p 型半导体。但现在已能量化生产了,因此深紫外线 LED 产品也开始销售了。

深紫外线 LED 在社会上普及以后,会产生什么效果呢?下面分“环境”、“工业”、“医疗”三个方面介绍一下。

第一个是“环境”领域。用深紫外线 LED 的光照射细菌或病毒,可杀死细菌、病毒,起到杀菌消毒的作用。比如可用在本书前言中提到的

"水净化装置"等器件上。杀菌能力与细菌、病毒的大小有关,越是大越难以杀灭,需要照射数十秒时间。以往截面 $1cm^2$ 的 LED 发射深紫外线的功率只有数毫瓦,现在已经有数十毫瓦了,终于可以进入实用阶段了。下一步的目标是量化生产的技术,要考虑的就是如何快速便宜地制作、价格及时间的问题了。

第二个是"工业"领域。照射特定波长的光能使树脂固化,这种技术称为树脂"硬化"技术。另外,在打印机中,可使用紫外线烘干打印后的油墨。使用深紫外线,可以提高油墨中所含的一部分高分子的干燥速度。

第三个是"医疗"领域。名古屋市立大学研究皮肤病治疗的老师来研究室访问时,告诉我们一个很好的医疗事例。在治疗皮肤的一部分颜色发白的"白癜风"疾病时,使用了深紫外线 LED。用紫外线照射发白的皮肤,健康的细胞毫发无损,只有病变的细胞被杀灭了。目前我们还不知道什么波长的紫外线最适合这种疗法,但 LED 只要改变材料的组成,就能控制其波长。这是使用氮化镓的 LED 的很大的优点。医疗方面需要怎样的深紫外线 LED,我们非常期待医学界的反馈。

光被吸收了! 一个困难克服了,又来了另一个困难

深紫外线 LED 已实用化,商店里也开始销售了,但问题还是不少。虽然能发出深紫外线的光,但要把光发射到晶体外面还是有困难,因为在光发射到晶体外部之前,就已在晶体中被吸收了。

按着图 4.11 说明一下深紫外线 LED 的结构。"3.2 寻求更明亮的'蓝光'"中谈到,高照度蓝光 LED 是因波长增长后发蓝光的,采用的是掺入铟的氮化铟镓量子阱结构发光层。但深紫外线要反过来缩短波长,掺入的不是铟,而是铝。即采用的是氮化铝镓量子阱结构发光层(图 4.11)。

问题产生在最上层堆积的 p 型氮化镓上。为了器件能在更低的电压下工作,需要 p 型氮化镓,但这种方法并非都是好的,也有问题。氮

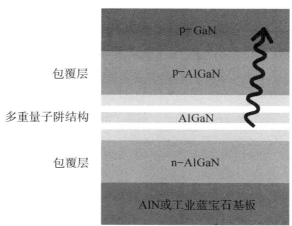

图 4.11 深紫外线 LED 结构

化铝镓与氮化镓比较,前者带隙大,与氮化铝镓的带隙相适应的能量(光)碰到氮化镓后,光的能量将被吸收。理论上只能得到一半的光。很多人会想到不用 p 型氮化镓的方法,但这样做也会产生别的问题。

要让 LED 发光,就必须在 LED 中埋入电极,让电流流动起来。电极一般是用金属做的。金属与半导体结合时,会表现出这两种物质中的某一种特性。一种是称为"肖特基接触"的特性,金属与半导体的界面有能带的高壁垒,电阻很大(图 4.12a)。还有一种称为"欧姆接触"的特性,能带壁垒非常薄,电子像有条隧道般地来去自由,电阻也很小(图 4.12b)。电阻小,损耗也小,一般来说,"欧姆接触"比较理想。

不用 p 型氮化镓时出现的"新问题"是,加上电极后电阻会达到"肖特基接触"的程度。用 p 型氮化镓,加电极后容易产生电阻很小的"欧姆接触",这是 p 型氮化镓的优势。即便是不用 p 型氮化镓,也需要考虑获得"欧姆接触"的别的方法。我们现在正在与其他研究室的同事们展开共同研究,争取早日解决这个问题。

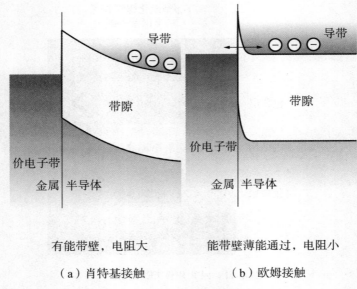

有能带壁,电阻大　　　　　　　能带壁薄能通过,电阻小

(a) 肖特基接触　　　　　　(b) 欧姆接触

图 4.12 金属与半导体接触时的两种特性

红色激光·深紫外线激光

汽车前窗上会出现导航标记,混晶可随意获取各种波长的光

　　第 3 章里聊了蓝紫色激光的情况。如果能把混晶的技术用好了,就可以自由地控制光的波长。比如掺入铟,缩小带隙,就能发出波长很长的红色光。反之,掺入铝,扩大带隙,就能发出波长很短的深紫外线。即巧妙地操作铟和铝的掺入量,可以用氮化镓晶体产生从红色到深紫外线的波长范围很广的各种光。

　　汽车是运用这种激光的一个领域。首先是"平视显示器"(HUD)。比如你在开车时想喝咖啡,可以就像对坐在车上的朋友说话一样,对汽车说:"想找个咖啡馆去坐一会儿。"于是,前窗上像看到的街景一样,映出了最近的一家咖啡馆的信息:"下一个路口朝左转弯。"与道路标识一起,前窗上会出现一个向左转的很大的箭头。你操作方向盘,左转。然后,又出现"还有××千米"的图标。

平视显示器是上面描述的在车前窗映出道路指引、速度等各种信息的技术。投射三基色激光,就能做出前窗玻璃板前3米左右位置上的虚像。这一产品已由先锋公司发行销售了。

蓝色与绿色的激光是用氮化镓晶体做的,但红色激光则是用铟化镓磷(InGaP)做的。红色激光在室温下是没问题的,但在大热天的太阳底下,气温超过60℃就不能使用了。而氮化镓的激光器在高温下仍能工作,现在我们在考虑红色激光也用氮化镓制作。理论上,这样的设想非常好,但掺入大量铟的高品质氮化镓铟晶体很难做,技术上还有问题。

技术应用上另一个值得关注的领域是"前车灯"。奥迪、宝马等欧洲产汽车上已经使用了激光。激光在有大电流通过时,发光效率很高。而LED则在小电流时,发光效率比较高,遇到与激光一样的大电流时,效率反而降低。因此,激光在需要从一个点发射大量光的使用场合,如前车灯、体育馆天顶照明等方面的应用很值得期待。

最好能做到可随意增加铟且尽可能减少杂质

如前所述,要用氮化镓晶体来做红色激光,最要紧的是"如何做出掺入大量铟的高品质氮化镓铟晶体"。第3章中谈到制作高照度蓝光LED时,为将紫外线的光转变为蓝光,掺入了氮化镓铟,使带隙变小。那时,始终无法提高掺入的铟的量,搞得很辛苦。理论上,铟的量不断增加,带隙就能不断缩小,发出的光就能更接近红色,但这个掺入量始终上不去。

另外,不只要考虑增加掺入铟的量,同时还要考虑减少杂质的问题。氮化镓铟的晶体生长时,混入的杂质有好几种,最坏的一种是氧。原料气体中的三甲基镓分解不充分时,晶体中就会混入氧,导致发光不良。

提高晶体生长的温度,加快三甲基镓的分解速度,氧就难以进入,但生长温度提高后,也会造成铟无法进入的问题,左右为难。最好状态是铟能大量掺入,而氧混入得少一点。

晶体面情况不同,添加铟的方法不同

针对添加铟的课题,我们研究室正在尝试的方法是"如何巧用晶体面的特性"。

各位站在金字塔前,会怎样看金字塔呢?大多数人也许会认为人们看到的是同样的形状。其实,由于观察的角度不同,看到的金字塔各不相同。

让晶体生长起来的时候,在基板晶格的不同表面上堆积,生长的方式也会不同。以前的实验用的都是六角柱形朝上的六角形面(图4.13)。但比起这个六角形面来,还有"能掺入更多铟的面"。这个面写作"(10$\bar{1}$1)面",读作"1、0、-1、1 面"。一排数字,好像密码般的,究竟是什么意思呢?

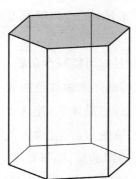

图 4.13　迄今为止实验中使用过的面

"晶面"是指晶格的某个面,用 3 个或 4 个数字来表示。下面练习一下这种表达晶面的方法。首先来看立方体的晶格。请看图 4.14。沿立方体的边,引出 3 条轴,立方体端点的坐标为"1"。如图 4.14a 所示,a 轴、b 轴、c 轴都经过端点"1"的三角形的面,表示为(111)面。而a 轴和 b 轴经过端点"1",又与 c 轴平行、不相交的长方形的面(图

4.14b)表示为(110)面。最后,图4.14c中的正方形的面则表示为(100)面。

接下来,看一下像氮化镓那样,晶格是六角柱形的情况。六角柱形,如图4.15所示,引出4条轴。底面六角形有3条轴,高度方向有1条轴。按前面提及的规则,如图4.15a那样,上端的六角形表示为(0001)面。图4.15b中的六角柱的侧面,a1轴与面相交表示为"1",a2轴与面平行且不相交表示为0,a3轴经过"−1"表示为$\bar{1}$,c轴与面平行且不相交表示为0,整体表示为($10\bar{1}1$)面。表示负数时,在数字上方添加一条"⁻"。晶面就是用这样的数字来表示的。

现在来看一下关键的($10\bar{1}1$)面。按照之前的法则,将六角柱横切形成图4.16中那样的面。以这个面作为表面,氮原子露出表面,更容易把铟原子纳入。

那么,怎样做可以让这个面露出表面呢?用药物来切削表面为(100)面的硅基板,如图4.17所示,就露出了非常稳定的(111)面。在这个硅基板的(111)面上,让氮化镓生长的话,氮化镓会向(0001)面的方向延伸。于是,在图4.17粗线的位置,铟原子容易进入的($10\bar{1}1$)面就显示了出来。我们研究室的学生实际做过在这个面上堆积晶体形成红色激光结构的实验,是能发出光来的。

氮化物太阳能电池:大幅度提高发电效率

将光转变成电的太阳能电池

前面谈的都是"用电"的例子。其实,氮化镓也能"发电"。最后一节,我们谈一下"氮化物太阳能电池"的话题。

也许我们会觉得LED与太阳能电池是完全不同的东西,实际上两者是非常相似的。LED是"通电后产生光",而太阳能电池与之相反,是"光照射后产生电"。也就是说,太阳能电池与LED相同,也是用半导体pn结制作成的。

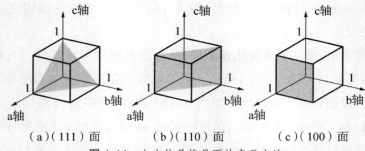

（a）（111）面　　　　　　（b）（110）面　　　　　　（c）（100）面

图 4.14 立方体晶格晶面的表示方法

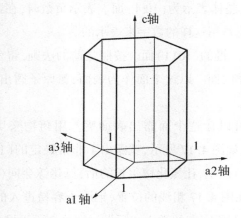

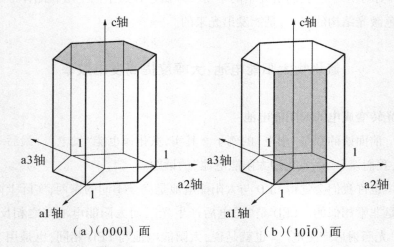

（a）（0001）面　　　　　　　　　（b）（10$\bar{1}$0）面

图 4.15 六角柱形晶格晶面的表示方法

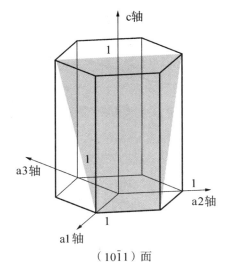

（10$\bar{1}$1）面

图 4.16 六角柱形晶格的(10$\bar{1}$1)面

Si（100）面

（a）

Si（111）面

（b）　GaN（10$\bar{1}$1）面

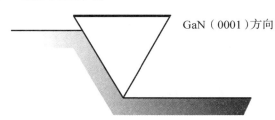

GaN（0001）方向

图 4.17 如何使(10$\bar{1}$1)面露出表面

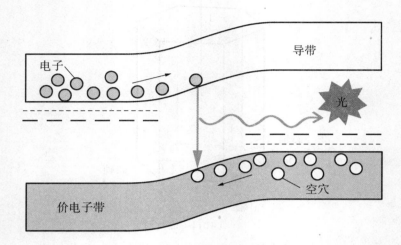

（a）LED：电流产生光

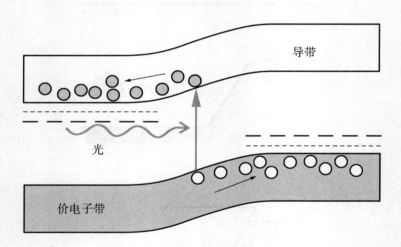

（b）光照射太阳能电池后产生电流

图 4. 18 LED 与太阳能电池原理相同

我们看一下能带图,就能知道两者十分相似了。请看图 4.18。LED 是 pn 结附近的电子从导带落到价电子带中时发出与带隙能量相应的光,而太阳能电池是当光照射 pn 结时,且光的能量大于带隙能量时,价电子带的电子被激发上升到导带中。将导带中的电子取出来,就发出电了。

"LED 发出什么颜色的光"与带隙的大小有密切关系,而太阳能电池中的"带隙的大小"同样有重要的作用。如果照射太阳能电池的光的能量小于带隙能量,价电子带中的电子就不能被激发而上升至导带,也就不能发出电来。只有当大于带隙能量的光照射了太阳能电池,就如前面所说的,价电子带的电子才会被激发上升到导带中,从而产生电。

但是,即使用能量非常大的光来照射,超过带隙能量的多余能量也会损失掉,因而起不到发电的效果。即,用于太阳能电池的晶体的带隙大小,决定了可发电的最适宜波长的光。用能量很大的光照射,能用到的只是一部分,损失很大,发电效率也就不高。

目标:无损耗地利用能发出彩虹之光的太阳光

太阳光是什么颜色的呢?

最近经常看到整个墙壁都用透明玻璃做成的建筑物。各位有过这样的体验吗:在这样的玻璃建筑物附近走过时,偶尔视线扫过脚下,会看到一片从红色到紫色的彩虹色。这种彩虹色就是太阳光的真正颜色。经常看见的太阳光似乎是无色透明的,其实里面有着很多颜色。太阳光穿过玻璃时会被分解,呈现出各种颜色层叠起来的彩虹色。

太阳光不仅有肉眼能够看到的光,还含有肉眼看不到的红外线、紫外线等各种波长的光。到达地表的太阳光,其光谱分布如图 4.19 所示。图中呈现太阳光中各种波长的光及其强度。确实,人类肉眼所能看到的可见光是很多的,除此之外还含有范围很广的其他各种光。

现在,使用得最多的太阳能电池晶体是硅。硅的带隙为 1.1eV,用

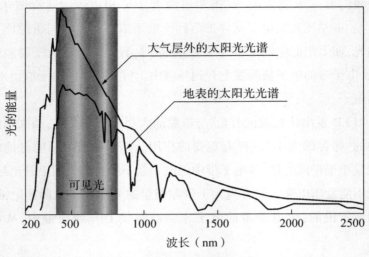

图 4.19 太阳光光谱的分布

硅的 pn 结制作的太阳能电池可吸收波长不到 1130 纳米的光,但如前所述,超过带隙的多余能量是不能产生发电效果的。波长越短、能量越大的光,发电中的损失也越大。理论上,用硅制作的太阳能电池只能转换到达地表的太阳光能量的 30%。

太阳光里混杂着各种波长的光,但太阳能电池晶体带隙的大小决定了最适宜发电的波长的光,太阳光中只有一部分能量能被利用。如何突破这样的障碍呢?

带隙不同的半导体重叠,覆盖广域光谱

想象一下皮带上只有一个孔的情景? 裤子与腰身正好相符时,也许穿得很舒服。但人瘦了,腰身变细时,裤子穿着就松松垮垮的,眼看着就要滑落下来。反之,人一胖,腰身变粗时,裤子穿得紧紧的,十分难受。这种时候怎么做才好呢? 毋庸置疑,大家都会马上想到"增加皮带上孔的数目"。这样一来,瘦下来的时候也好,胖起来的时候也好,只要改变系孔的位置,就可以与任何一种腰身相配。

之前提到,太阳能电池的晶体带隙的大小决定了最适宜波长的光,那么不是可以将带隙大小不同的多种晶体组合在一起吗?

比如,最下层是带隙较小的半导体,在此之上是带隙中等的半导体,最上层是带隙较大的半导体,这样一层层地堆积起来(图4.20)。阳光照射这样的太阳能电池效果会怎样呢?首先最上层的晶体吸收波长短的光,将其转变成电。但比带隙小的能量的光不能被吸收,穿过了这层晶体。接下来,中间的那层晶体吸收了波长中等的光,剩下的光又穿过了这层晶体。最后,最下层的晶体吸收了其余波长的光。

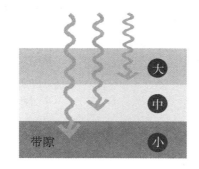

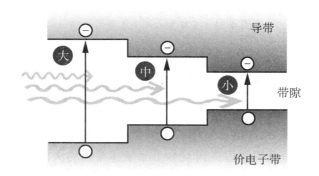

图4.20 各种带隙晶体的组合

这种"将带隙不同的多种半导体重叠起来"的方法可以最大程度地吸收以前被浪费掉的能量。这种太阳能电池可叫作"多结型"太阳

哲人石丛书 Philosopher's Stone Series

能电池。

　　实际的实验中,由下往上重叠起来的是锗、砷化镓、磷化镓铟(In-GaP)、氮化镓铟的层次结构(图4.21)。4种晶体都是pn结型。锗的带隙是0.7eV,砷化镓是1.4eV。在其上的是两种混晶,掺入的铟越多,带隙越小。磷化镓(GaP)是2.3eV,氮化镓是3.4eV,成为混晶后,其数值要比原有晶体稍小点。越是上面的晶体层,用的晶体带隙越是大。

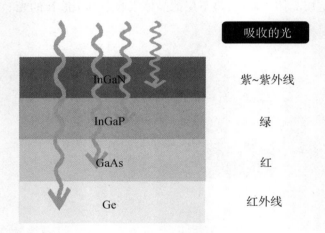

图4.21　多结型太阳能电池的结构

　　就光的颜色来说,锗吸收红外线、砷化镓吸收红光、磷化镓铟吸收绿光、氮化镓铟主要吸收从紫光到紫外线的光。用了带隙大的氮化镓,可以吸收此前损失较大的短波长的光。

　　前面介绍的使用氮化镓铟的多结型太阳能电池,如能制作出来的话,理论上发电效率能提高到40%。如果还采用将太阳光聚集起来的集光型,发电效率可以超过50%。

研发不同晶体面的p型半导体——年轻研究者实现梦想的途径

　　乍一听其原理,也许会感到这很像马上就能实现的技术,实际上,在制作太阳能电池所使用的氮化镓铟晶体时,还存在着各种问题。氮化镓中掺入的铟原子越多,晶体就越容易扭曲,晶体中就会产生电场。这种电场会导致无法将发电所需的电子和空穴导出到晶体外部的问题。

解决这个问题的思路还是"充分运用晶面特性"。与制作红色激光时的思路是一样的。这种电场,在迄今为止使氮化镓生长时所用的(0001)面方向上的影响最大。即,如果用与(0001)面方向不相同的斜面,电场的影响就会减弱。

我最初向蓝光 LED 发起挑战时,主要投入的是用(0001)面方向生长的氮化镓制作 p 型半导体的实验。从设计、组装实验装置开始,摸索调节原料气体吹出的速度、方向的方法,到探索改变晶体生长的温度等等,经历了各种情况。为了找到最合适的条件,每天蹲在实验室里,反复进行着数以千计的实验。

经过了 30 年时间,现在,年轻的学生们,为要制作出使用与(0001)面不同面的 p 型半导体,也在昼夜实验,经历着许多挫折、失败。虽然某种程度上已经知道,无法制作出 p 型晶体的原因是氧混入过多,但还是很难完美解决这个问题。由于晶体生长的条件完全改变了,所有的事都要从头开始。研究终无止境。

后　记

在数量众多的"蓝皮书"(Bluebacks)系列丛书中,我最初阅读的是都筑卓司老师撰写的《麦克斯韦的恶魔》,记得那是在我大学二年级的时候。

大学时,我读的是工学部电气系。当时不知由于什么原因,我老想着要通过自学掌握量子力学。为能用活量子力学,必须从初等量子论开始学起。为此,就要理解量子论的基础——热力学和统计力学。而要理解热力学、统计力学,就需要掌握熵(entropy)的概念。所以我想先从入门开始,找点比较容易阅读的书,这样就找到了蓝皮书里都筑老师的著作。

但是,我一开始阅读,就意外地发现这本书很不容易懂。我真正能较深入地理解其中的内容,是在很久以后,成了名城大学的讲师,自己要上热力学、统计力学与量子力学课的时候。

科学技术振兴机构日本科学未来馆的福田大展先生,听了我学生时代做晶体生长的故事,觉得很有意思,于是就开始酝酿写本书。福田先生自己也有在大学时代做晶体生长实验的经验。他提出,以口述的方式来编写一本关于 LED 的书,由此开始了这项工作。

老实说,一开始我对此非常犹豫。我是工学部电气系出身的,为了制作 LED 等电子器件,要做晶体生长的实验是必须的,但这不是我的专业。要是问我"是什么专业的?"真的感觉没有什么能够称得上专业的啊!我只是自学了一些晶体生长所需的热力学、统计力学和量子化学,但这只是涉猎了一些书籍而已,没有通过大学课程来学习基础知识的经验。从这个角度上说,我是半个门外汉。以我这个水平,要写一本如此经典的"蓝皮书"系列丛书,究竟好不好?我对此颇感烦恼。最后接受这项任务是由于福田老师的热忱建议。他对我说,一直感到最近的年轻人打不起精神来,想做一些让他们能恢复活力的书出来。他的热情感动了我。

我在研究室里做晶体生长实验的 20 世纪 80 年代上半叶是化合物半导体研究十分活跃的时期。在晶体生长技术方面,原来的液相生长法为用卤素的气相生长法所取代,进而发展到了分子束外延法、有机金属化合物气相生长法等新技术。这些新技术使得在原子水平上对晶体层厚度进行控制成为了可能,光通信用的激光、高频无线通信用的高电子迁移率晶体管、光记录用的红色激光等现在已广泛使用的许多器件的相关研究都是在那段时期的专业学会上发表的。

学生时代的我,读过相当多的有关晶体生长、蓝色 LED 的材料氮化镓的论文和专业书。主要是本科四年级的毕业研究到硕士、博士课程期间。比如有关氮化镓研究的论文,当时全部算起来也就数百篇而已,包括德语的论文在内,我都读过。也有俄语的论文,因为有英语译文,也能够读懂。

晶体生长的道理非常深奥,著作、论文数量众多、内容广泛。比较通俗的书籍,有已故黑田登志雄先生的《生机勃勃的晶体》。专业书,比如美国学术出版社的"半导体与半金属"系列等,我一有时间就去翻阅这些著作和论文,算起来也读了不少。

但是,阅读后理解概要与实际去做的差别是巨大的。诸如用不锈钢管制作原料气体输送管、石英管的加工、感应加热用线圈的制作、晶元表面温度测定、抽真空以及泄漏检查、废气的处理等等,这些问题都是实际操作中,才能体验到有多难。学生时代能切身体验到的各种经历都十分珍贵。

在晶体生长装置的组装上,特别给予我们很多关照的是当时丰田中央研究所的桥本雅文先生,以及当时比我高一届的学长、现在物质·材料研究机构的小出康夫先生。小出先生在丰田技术科学大学时,就有做磷化铟(InP)的有机金属化合物气相生长的经验,新装置的设计也是由小出先生负责的。当时的助教、现在在三重大学任职的平松和政老师让我懂得了晶体生长技术的许多有趣之处。

有关有机金属化合物气相生长装置,我曾参观学习过日本好几所大学的研究室。记忆深刻的是,当时在研究面发光激光的很有传统的研究室,使用了好几台高价的质量流量控制器。这让我很吃惊。而此时,我们所使用的仍旧是浮动式流量计。另外,我还参观学习了东北大学坪内和夫老师那里的研制表面弹性波用元件的氮化铝生长装置。在那里看到了令我惊讶的减压高速气体生长装置,我赶紧回到名古屋大学着手改造装置。之前,我总认为在大气压下缓慢地输送气体使晶体生长是理所当然的,这次参观学习对自己来说,是一次思维方式的大转变。

从本科时代到硕士课程期间的约三年时间里,我们不断进行实验,1985年2月,终于在蓝宝石基板之上制作出了很漂亮的氮化镓晶体。接下来麻烦的事情是晶体的评价方法。当时电气系的课程中,无法学到像运用X射线衍射来评价晶体的方法。最初,连通常的运用块状反射来评价晶格常数的变动的$2\theta/\omega$模式与评价晶体方位变动的ω模式的区别也无法理解。大阪府立大学的伊藤进夫老师,运用自制的X射线衍射装置对于企业制作的氮化镓进行评价。我就去拜访伊藤老师的研究室,向他详细学习了这种评价方法。伊藤老师为我们制作的氮化镓晶体作了评价,当场给我们写评语:当时世界上最高品质的晶体。那是令人感到十分高兴的记忆。

浏览一遍完成后的原稿，发现离一开始就被告知的，要尽可能用平易近人的语言向普通人传达知识的要求还是相差很远，不知不觉间，很多说明还是以与半导体相关的专门知识为基础写的。这让讲谈社"蓝皮书丛书"的责任编辑篠木和久先生费了很多功夫。另外，福田先生，从让没上过半导体课程的人也能理解的语言来解释的角度出发，为我提供了很多通俗易懂的词汇，并制作了很多尽可能通俗易懂的示意图。尽管如此，如果本书中还是留下了令人难以理解的表述，只能怪我不擅长著述说明了。在此也向相关的各位表示我的歉意。

如前所述，本书的目的是给对这一领域有兴趣的人，特别是年轻人加油、鼓劲的。如果这本书能激发年轻人对这一领域的兴趣，进而让他们了解甚至从事这个行业的话，我会万分欣喜。

天野浩

2015 年 8 月

参考文献

『結晶は生きている その成長と形の変化のしくみ(ライブラリ物理の世界 3)』黒田登志雄著、サイエンス社(1984)

『結晶成長のしくみを探る その物理的基礎(シリーズ結晶成長のダイナミクス2 巻)』上羽牧夫責任編集、共立出版(2002)

『エピタキシャル成長のメカニズム(シリーズ結晶成長のダイナミクス3 巻)』中嶋一雄責任編集、共立出版(2002)

『エピタキシャル成長のフロンティア(シリーズ結晶成長のダイナミクス4 巻)』中嶋一雄責任編集、共立出版(2002)

『青色発光デバイスの魅力 広汎な応用分野を開く』赤崎勇編著、工業調査会(1997)

『ワイドギャップ半導体 あけぼのから最前線へ』日本学術振興会ワイドギャップ半導体光電子デバイス第 162 委員会編、吉川明彦監修、赤崎勇・松波弘之編著、培風館(2013)

图版/さくら工芸社

责任编辑　王乔琦　匡志强
装帧设计　汤世梁

哲人石丛书

点亮21世纪
——天野浩的蓝光LED世界
天野浩　福田大展　著
方祖鸿　方明生　译

上海科技教育出版社有限公司出版发行
(上海市柳州路218号　邮政编码200235)
网址:www.ewen.co　www.sste.com
各地新华书店经销　上海商务联西印刷有限公司印刷
ISBN 978-7-5428-6879-4/N · 1044
图字09-2018-139号

开本635×965　1/16　印张9.25　插页4　字数120 000
2018年11月第1版　2018年11月第1次印刷
定价:30.00元